Verfahren & Werkstoffe
für die Energietechnik

VERFAHREN & WERKSTOFFE
FÜR DIE ENERGIETECHNIK

BAND 1

Martin Faulstich (Hrsg.)

Energie aus Biomasse und Abfall

Förster Verlag

Bibliographische Information Der Deutschen Bibliothek

Die Deutsche Bibliothek verzeichnet diese Publikation in der Deutschen Nationalbibliographie; detaillierte bibliographische Daten sind im Internet über http://dnb.dbb.de abrufbar.

Band 1 – Energie aus Biomasse und Abfall / Martin Faulstich [Hrsg.]

Reihe Verfahren & Werkstoffe für die Energietechnik –

Sulzbach-Rosenberg: Förster Druck und Service GmbH & Co. KG, 2005

ISBN 3-9810391-0-6

Copyright:	ATZ Entwicklungszentrum
	Alle Rechte vorbehalten
Verlag:	Förster Druck und Service GmbH & Co. KG, Sulzbach-Rosenberg
Redaktion:	Andrea Farmer, Mario Mocker, Kathrin Müller, Hans-Peter Reichenberger,
	ATZ Entwicklungszentrum, Sulzbach-Rosenberg
Einbandgestaltung:	Pro Publishing Werbeagentur GmbH, München
Druck:	Förster Druck und Service GmbH & Co. KG, Sulzbach-Rosenberg

Rechte, insbesondere die der Übersetzung in fremde Sprachen, vorbehalten. Kein Titel dieses Buches darf ohne die Genehmigung des Verlages in irgendeiner Form – durch Fotokopie, Mikrofilm oder irgendein anderes Verfahren – reproduziert oder in eine von Maschinen, insbesondere Datenverarbeitungsmaschinen, verwendbare Sprache übertragen oder übersetzt werden.

Warenzeichen: Wenn Namen, die in der Bundesrepublik Deutschland als Warenzeichen eingetragen sind, in diesem Buch ohne besondere Kennzeichnung wiedergegeben werden, so berechtigt die fehlende Kennzeichnung nicht zu der Annahme, dass der Name nicht geschützt ist und von jedermann verwendet werden darf.

Inhaltsverzeichnis

Vorwort 7

Grußworte 8

Thermische Verfahren

Stand und Perspektiven thermischer Verfahren
Jürgen Karl... 11

Energie aus nachwachsenden Rohstoffen
Armin Vetter, Thomas Hering.. 25

Energie aus Altholz
Matthias Eichelbrönner 39

Energie aus Klärschlamm
Peter Quicker, Mario Mocker, Martin Faulstich... 53

Vergasung von Biomasse
Reinhard Rauch.. 77

Korrosion in thermischen Anlagen
Dietmar Bendix, Martin Faulstich... 89

Inhaltsverzeichnis

Biologische Verfahren

Stand und Perspektiven der Biogasnutzung
Markus Ott, Claudius da Costa Gomez 101

Energie aus nachwachsenden Rohstoffen
Carl Graf zu Eltz, Stephan Prechtl 111

Energie aus Abfällen
Ottomar Rühl, Uwe Kausch 119

Energie aus Abwasser
Kurt Palz, Rolf Jung, Rainer Scholz, Stephan Prechtl 133

Regenerative Flüssigtreibstoffe
Stephan Prechtl, Martin Faulstich 145

Energienutzung

Stand und Perspektiven der energetischen Biomassenutzung
Markus Brautsch 163

Biogaseinspeisung in Gasnetze
Ralf Schneider 177

Stallkühlung mit Absorptionskältemaschinen
Gregor Weidner 193

Möglichkeiten zur Nutzung der Abwärme von Biogasanlagen
Michael Nelles, Thomas Fritz, Kilian Hartmann 201

Mobile und stationäre Wärmespeichersysteme
Andreas Hauer 215

Autoren 229

Vorwort

Sie halten den ersten Band einer neuen Schriftenreihe in den Händen. Ein Anlass dazu ist ein kleines Jubiläum, denn seit nunmehr 15 Jahren wird am ATZ Entwicklungszentrum in Sulzbach-Rosenberg erfolgreich geforscht und entwickelt. Hervorgegangen aus der Stahlforschung sind nunmehr Verfahren und Werkstoffe für die Energietechnik die Themen dieses außeruniversitären Institutes. Verbrennung und Vergärung von Biomasse und Abfall für die dezentrale Energieerzeugung stehen bei uns im Mittelpunkt. Der beste Prozess, die optimale Anlage und der passende Werkstoff sind unser Anspruch.

In der neuen Schriftenreihe wollen wir die Beiträge von unseren gleichnamigen Fachtagungen sowie ausgewählte Berichte und Dissertationen aus unserem Hause publizieren. Die erste Fachtagung ist heuer dem Generalthema „Energie aus Biomasse und Abfall" gewidmet. Fachleute aus Wissenschaft und Praxis berichten über zukunftsweisende Konzepte und ihre Erfahrungen als Betreiber. Thermische und biologische Prozesse, die Nutzung der erzeugten Energie sowie die Vermeidung von Korrosion sind die Themen unseres Hauses und damit auch die Themen dieser ersten Fachtagung.

Das Vorwort bietet dem Herausgeber auch die Gelegenheit seinen Dank auszusprechen. Dieser gilt zuvorderst den Referenten und Autoren für Ihre interessanten Beiträge. Zu großem Dank sind wir dem Bayerischen Staatsministerium für Wirtschaft, Infrastruktur, Verkehr und Technologie verpflichtet, vor allem Herrn Staatsminister Dr. Otto Wiesheu, Herrn Staatssekretär Hans Spitzner sowie Herrn Ministerialdirigent Klaus Jasper und Herrn Leitenden Ministerialrat Dr. Gerd-Achim Gruppe für die langjährige wohlwollende Förderung unseres Hauses.

Unser Dank gilt auch dem Kuratorium und seinem Vorsitzenden Herrn Rechtsanwalt Hermann Fellner, Freudenberg, dem Förderverein und seinem Vorsitzenden Herrn Dipl.-Ing. Hans Huber, Vorstand der Hans Huber AG in Berching sowie der Stadt Sulzbach-Rosenberg, vertreten durch Herrn Ersten Bürgermeister Gerd Geismann, und dem Landkreis Amberg-Sulzbach, dort Herrn Landrat Armin Nentwig und Herrn Landrat a.D. Dr. Hans Wagner, für die große Unterstützung unserer Arbeit in der Region für die Region.

Nicht zuletzt gilt mein Dank meinem Vorstandskollegen Herrn Dipl.-Ing. Gerold Dimaczek und den Mitarbeiterinnen und Mitarbeitern aus unserem Hause, insbesondere Herrn Dipl.-Ing. Hans-Peter Reichenberger, Frau Andrea Farmer, Frau Dipl.-Ing. Kathrin Müller, Herrn Helmut Heinl, Herrn Dr. Mario Mocker, Herrn Dr. Peter Quicker, Herrn Dr. Stephan Prechtl und Herrn Dr. Dietmar Bendix für die Organisation dieser Fachtagung sowie dem Verlag Förster in Sulzbach-Rosenberg, besonders Herrn Dipl.-Ing. Frank Fojtik für die gute verlegerische Zusammenarbeit.

Wir hoffen nun auf eine gute Aufnahme unserer neuen Schriftenreihe in der Fachwelt und freuen uns selbstverständlich über jede Anregung aus dem Kreis der Leser.

Sulzbach-Rosenberg, im Juli 2005

Martin Faulstich

Vorstandsvorsitzender
ATZ Entwicklungszentrum

Grußwort

Jede wissenschaftliche Forschung generell bringt uns neue Erkenntnisse über die Welt und führt zu Entwicklungen, die unsere Arbeitsbedingungen, ja unser Leben verändern können. Das ATZ Entwicklungszentrum speziell kann auf eine stolze Zahl von Entdeckungen und Erfindungen u.a. im Bereich „Verfahren & Werkstoffe für die Energietechnik" zurückblicken. 15 Jahre Forschung und Entwicklung in Sulzbach-Rosenberg sind eine Investition in den Wohlstand von morgen. Die Früchte der Anstrengungen, die im ATZ unternommen werden, können ab sofort oder vielleicht erst in einigen Jahren geerntet werden. Dies ist zum Wohle aller gegenwärtigen, als auch künftigen Generationen.

In Sulzbach-Rosenberg sind im Laufe der Jahrhunderte immer wieder Entwicklungen gelungen, die die Welt eroberten, z.B. angefangen von der Wasserhaltungs-Technik zu Gunsten des Bergbaus im Mittelalter über die Wiederentdeckung der „terra sigilata" durch den Kunst-Töpfer Karl Fischer und das Sauerstoffeinblasverfahren (OBM-Verfahren) seitens der Maxhütte bis heute zu den Entwicklungen von Verfahren und Werkstoffen für die Energietechnik durch die Wissenschaftler, Forscher und Techniker des ATZ.

Das ATZ Entwicklungszentrum ist eine wissenschaftliche Einrichtung par excellence in der Stadt und kann als metropoliter Botschafter weltweit im Rahmen der europäischen Metropolregion Nürnberg agieren.

Als guter Partner des Entwicklungszentrums, das als die herausragende, hochtechnologische Forschungseinrichtung der Region bezeichnet werden kann, wünscht die Stadt weiterhin bestmögliche Erfolge in der Zukunft.

Glückauf!

Sulzbach-Rosenberg, im Juli 2005

Gerd Geismann

1. Bürgermeister
Stadt Sulzbach-Rosenberg

Grußwort

Mit der Fachtagung „Verfahren und Werkstoffe für die Energietechnik" möchte das ATZ Entwicklungszentrum für die Region und für die Fachwelt seine Kompetenz für die Entwicklung und den Einsatz neuartiger Energietechnologien vorstellen. Wir freuen uns, dass wir bei dieser Tagung durch Beiträge verschiedener Experten aus namhaften Institutionen, aus den Reihen unserer Geschäftspartner, aber auch mit unseren eigenen Fachleuten darstellen können, dass mit intelligenter Technik durchaus relevante Beiträge zu einer nachhaltigen Energieversorgung erbracht werden können.

Auch die Politik hat längst begriffen, dass abseits von der Diskussion um die Risiken der Kernenergie und der Problematik der Nutzung fossiler Energieträger die regenerativen Energien die besten Entwicklungschancen bieten. Beim ATZ Entwicklungszentrum haben wir einen Schwerpunkt auf die Nutzung von Biomasse gelegt – auch derjenigen Biomasse, die in Form von Klärschlamm für Energiezwecke genutzt werden kann. Wir sind überzeugt, dass die energetische Nutzung von Biomasse unter allen regenerativen Energietechnologien schon bald den ersten Rang einnehmen wird. Dies liegt daran, dass von der Pflanzenzüchtung bis hin zu den Umwandlungstechnologien längst nicht alle Entwicklungspotenziale genutzt sind.

Natürlich bietet es sich zunächst an, herkömmliche land- und forstwirtschaftliche Rohstoffe, die nicht für die Ernährung oder als Futtermittel verwendet werden, energetisch zu nutzen. Die Zukunft der landwirtschaftlichen Produktion aber liegt darin, dass der „Energiewirt" gezielt Pflanzen produziert, die einen möglichst hohen Ertrag an Kohlenstoff bringen. Anbauversuche mit derartigen Pflanzen wie „Miscanthus" gerade in unserer Region bringen uns zur Überzeugung, dass bei gezieltem Anbau von Energiepflanzen die „Energieernte" pro Hektar wesentlich höher sein könnte, als die aus der herkömmlichen Landwirtschaft bekannten Erträge.

Großes Entwicklungspotenzial bieten aber auch die Umwandlungstechnologien, die Konversion von Biomasse in feste, flüssige und gasförmige Brennstoffe sowie letztendlich die Umwandlung in Strom, Wärme und Kraftstoffe. Auf diesem Feld kann das ATZ Entwicklungszentrum auf eigene technologische Entwicklungen verweisen, die die Einsatzmöglichkeiten biogener Rohstoffe für Energiezwecke wesentlich erweitern. Gerade wegen unserer Kompetenz im Umgang mit Biomasse – einem sehr inhomogenen Rohstoff – wissen wir auch, dass noch viele Fragen zu klären sind, u.a. besondere Anforderung an das eingesetzte Material. Auch hier ist es kein Zufall, dass das ATZ Entwicklungszentrum die in langen Jahren erworbene Kompetenz einsetzen kann. Und dort, wo uns Wissen und Erfahrung fehlt, hilft uns diese Tagung bestimmt weiter.

Freudenberg, im Juli 2005

Hermann Fellner

Kuratoriumsvorsitzender
ATZ Entwicklungszentrum

Grußwort

Die Innovationen sind es, die unsere Wirtschaft voranbringen. Gerade der Mittelstand ist für seine Innovationsfähigkeit bekannt, bedarf dabei aber immer wieder im Bereich FuE der Unterstützung durch spezialisierte wissenschaftliche Einrichtungen. Wissenschaftliche Einrichtungen, die dort helfen, wo der Mittelstand entsprechende Unterstützung braucht, weil er diese Dauereinrichtungen nicht vorhalten kann. Hier hat sich das ATZ Entwicklungszentrum mit seinem Spezialwissen auf dem Gebiet Werkstoffe und Energietechnik bestens eingeführt.

Ich kann nur die Firmen im ostbayerischen Raum aufrufen, diese außeruniversitäre Forschungseinrichtung zu nutzen. Sie erhalten Unterstützung dort, wo Sie diese brauchen, ortsnah und unkompliziert.

Anlässlich seines 15-jährigen Bestehens wird das ATZ Entwicklungszentrum in der 1. Fachtagung „Verfahren und Werkstoffe für die Energietechnik" sein Leistungsspektrum darstellen. Ich begrüße diese Veranstaltung und hoffe, dass sich viele neue Kontakte daraus ergeben werden.

Das ATZ Entwicklungszentrum ist eine wichtige und notwendige Einrichtung für unsere Region. Es schafft den unkomplizierten Zugang zu komplexen Entwicklungsvorgängen, schafft damit die Voraussetzung zur Innovation für die Wirtschaft, insbesondere den Mittelstand Ostbayerns. Wenn es das ATZ Entwicklungszentrum nicht gäbe, so müsste es gegründet werden.

Ich wünsche dem ATZ Entwicklungszentrum viele gute Kontakte, allzeit innovative Ideen zum Wohle unserer Region und zur regen Nutzung durch die Wirtschaft.

Berching, im Juli 2005

Hans Huber

Fördervereinsvorsitzender
ATZ Entwicklungszentrum

Martin Faulstich [Hrsg.]

Fachtagung Verfahren & Werkstoffe für die Energietechnik
Band 1 – Energie aus Biomasse und Abfall

Stand und Perspektiven thermischer Verfahren

Dr.-Ing. habil. Jürgen Karl

Lehrstuhl für Energiesysteme

Technische Universität München

Garching

ATZ Entwicklungszentrum, Sulzbach-Rosenberg

Verlag Förster Druck und Service, Sulzbach-Rosenberg

1 Einführung

Die energetische Nutzung von Biomasse ist seit vielen Jahren ein Schwerpunkt nationaler und internationaler Fördermaßnahmen. Biomasse gilt als regenerativer, CO_2-freier Energieträger. Zwar beträgt das technische Potenzial der Nutzung dieses Energieträgers nur etwa 8-10% des Primärenergieeinsatzes in der BRD und in Europa [1], Biomasse eignet sich aber im Besonderen für die Substitution von fossilen Festbrennstoffen, wie Stein- und Braunkohle, und kann daher wesentlich zur Minderung von CO_2-Emissionen beitragen. Ein Vorteil gegenüber anderen regenerativen Energieträgern wie Wind und Sonne besteht darin, dass der Energieinhalt der Biomasse bedarfsorientiert eingesetzt werden kann und keine zusätzliche Speicherung erforderlich ist. Ein weiterer Vorteil der Biomasse besteht auch darin, dass große Potenziale – vor allem in Schwellenländern wie China und Indien – bereits schon heute wettbewerbsfähig genutzt werden können.

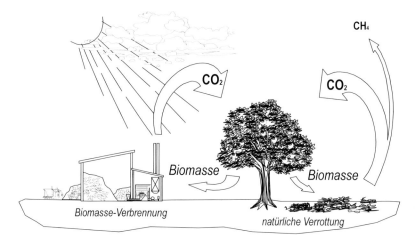

Bild 1: CO_2-Bilanz der energetischen Nutzung von Biomasse

Die Bezeichnung der Biomasse als „CO_2-frei" oder „CO_2-neutral" resultiert daraus, dass bei der Verbrennung genau die Menge an CO_2 freigesetzt wird, die vorher beim Pflanzenwachstum aus der Atmosphäre assimiliert wurde (Bild 1). Im Gegensatz zur natürlichen Verrottung der Biomasse und biogener Reststoffe in Wäldern oder auf Deponien wird zusätzlich die Entstehung weiterer Treibhausgase wie Methan vermieden.

Die energetische Nutzung naturbelassener, holzartiger Biomasse beschränkt sich in Bayern derzeit weitgehend auf die Wärmeerzeugung in Heizwerken (Bild 2) und Kleinfeuerungsanlagen. Durch die gleichzeitige Strom- und Wärmeerzeugung, die so genannte Kraft-Wärme-Kopplung (KWK) entstehen einem Anlagenbetreiber zusätzliche Einnahmen durch den Stromverkauf und durch eine verbesserte Anlagenauslastung, beispielsweise in Sommermonaten mit geringem Wärmeabsatz. Durch die verbesserte Erlössituation des Betreibers kommen durch die KWK weitaus mehr Standorte für die Realisierung dezentraler Anlagen zur Biomasse-Nutzung in Frage. Hinzu kommt, dass mit Biomasse bei der Stromerzeugung durch die Substitution von

Kohle deutlich höhere CO_2-Einsparungen möglich sind als durch die Substitution von Erdgas oder Erdöl für die Wärmeerzeugung.

Da Biomasse aufgrund der geringen Energiedichte nur dezentral in vergleichsweise kleinen Kraftwerken sinnvoll genutzt werden kann, kommen Anlagen für die ausschließliche Stromerzeugung aus wirtschaftlichen Gründen nur dann in Frage, wenn Altholz genutzt wird. Sollen dagegen naturbelassene und deshalb teurere Brennstoffe, wie Holzhackschnitzel, zur Stromerzeugung verwendet werden, ist die Kraft-Wärme-Kopplung unabdingbar.

2 Wärmeerzeugung aus Biomasse

Derzeit erfolgt die energetische Nutzung von Biomasse überwiegend in Kleinfeuerungsanlagen und Heizwerken die über ein Nahwärmeverteilnetz Haushalte, öffentliche Gebäude und Industriebetriebe versorgen (Bild 2). Als Brennstoff kommen dabei meist Holzhackschnitzel, Industrieresthölzer und zunehmend Holzpellets zum Einsatz.

Bild 2: Beispiel Heizwerk Reit im Winkl

Die meisten für die Verbrennung von biogenen Festbrennstoffen eingesetzten Feuerungssysteme (Rostfeuerungen, Staubfeuerungen und Wirbelschichtfeuerungen, Bild 3) entsprechen weitgehend den Feuerungssystemen, die auch für die Verbrennung von Kohle eingesetzt werden. Allerdings sind bei allen Feuerungssystemen aufgrund der besonderen Brennstoffeigenschaften Modifikationen notwendig.

Während holzartige Brennstoffe weitgehend unproblematisch sind, stellt die Verbrennung von halmgutartigen Brennstoffen, wie Heu, Stroh oder vielen Energiepflanzen, besondere Anforderungen an das Verbrennungssystem. Hauptprobleme sind hierbei niedrigere Ascheschmelztemperaturen und der oft hohe Chlorgehalt.

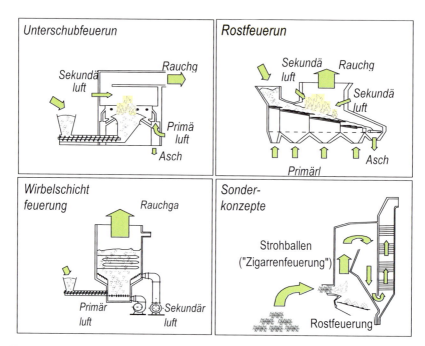

Bild 3: Technologien für die Stromerzeugung aus Biomasse

Niedrige Ascheschmelztemperaturen limitieren die zulässigen Verbrennungstemperaturen. Biomasse und Reststoffe müssen daher in der Regel mit höherem Luftüberschuss und in Folge dessen mit geringen Feuerungswirkungsgraden betrieben werden. Um die Wirkungsgrade der Feuerung und die Verbrennung zu verbessern werden oft Rauchgasrezirkulation und Rauchgaskondensation realisiert.

Die Vielfalt des Brennstoffes Biomasse führte außerdem zu mehreren sehr spezialisierten Feuerungssystemen. Besonders in Dänemark werden für die Verbrennung von Stroh Ganzballenfeuerungen ('Zigarrenfeuerungen', Bild 3) eingesetzt. Allerdings bereitet auch die Zigarrenfeuerung aufgrund des hohen Flüchtigengehaltes und der niedrigen Ascheschmelztemperatur von Stroh große Probleme durch hohe CO-Emissionen und den Austrag von unvollständig verbrannten Strohpartikeln.

3 Technologien für die KWK mit Biomasse

Für die Stromerzeugung mit Biomasse stehen prinzipiell dieselben Verfahren zur Verfügung, die bereits für die Nutzung fossiler Brennstoffe verbreitet sind. Ein wesentliches Kriterium für die Auswahl einer Arbeitsmaschine für die Kraft-Wärme-Kopplung ist zunächst der Leistungsbereich der Arbeitsmaschine. Die thermische Anlagenleistung ist bei der Kraft-Wärme-Kopplung in der Regel durch die Wärmeabnehmer limitiert.

Stand und Perspektiven thermischer Verfahren

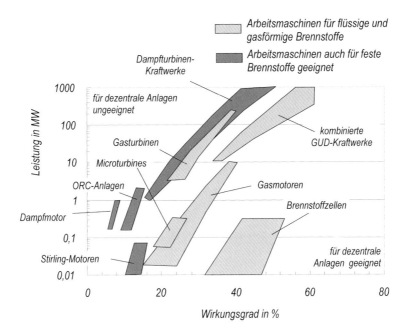

Bild 4: Leistungsbereiche und Wirkungsgrade von Arbeitsmaschinen für die Stromerzeugung

Große Kraft-Wärme-Kopplungs-Anlagen mit Dampfkraftwerken kommen daher nur in großen, städtischen Wärmenetzen oder in großen Industriebetrieben mit hohem Prozesswärmebedarf zum Einsatz.

Besonders für die dezentrale Nutzung kommen dagegen vor allem deutlich kleinere Anlagen mit einer elektrischen Leistung von einigen 100 kW in Frage. Hier tritt allerdings das Problem auf, dass im unteren Leistungsbereich fast ausschließlich Arbeitsmaschinen für gasförmige Brennstoffe zur Verfügung stehen. Eine Möglichkeit, diese Technologien für die dezentrale Nutzung von Festbrennstoffen einzusetzen, besteht darin, Festbrennstoffe zu vergasen und die dabei entstehenden Brenngase in nachgeschalteten Gasmotoren, Gasturbinen oder Brennstoffzellen zu nutzen.

4 Technologien für die KWK mit Verbrennungsanlagen

Prinzipiell können für die nachgeschaltete Stromerzeugung die gleichen Kraftwerkssysteme eingesetzt werden, wie für die Nutzung von Braun- und Steinkohle. Am weitesten verbreitet sind entsprechend konventionelle Dampfkraftwerke.

Besonders interessant sind darüber hinaus vor allem Anlagenkonzepte mit Nutzwärmeleistungen von unter 1 MW. In Kombination mit Verbrennungsanlagen kommen in diesem Leistungsbereich neben kleinen Dampfturbinenanlagen als Arbeitsmaschinen auch der ORC-Prozess, der Dampfmotor und der Stirlingmotor in Frage.

4.1 Dampfkraftwerke

Dampfturbinen werden für die Kraft-Wärme-Kopplung vor allem zur Versorgung großer Fernwärmenetze und in Industriekraftwerken zur Erzeugung von Prozesswärme eingesetzt. Kleine Dampfturbinenkraftwerke werden mit Gegendruck-Dampfturbinen ausgeführt. Dabei wird der Dampf im Heiznetz oder in einem Heizkondensator bei Temperaturen um 120 – 180°C kondensiert. Dadurch ist kein Kondensator notwendig, und die Dampfturbine baut deutlich kleiner und kostengünstiger.

Allerdings können Gegendruck-Dampfturbinen nur dann betrieben werden, wenn im Heiznetz genügend Wärme abgenommen wird. Deutlich günstiger ist die Anlagenauslastung bei Entnahme-Kondensations-Turbinen. Hier wird der Heizdampf aus einer Anzapfung der Turbine entnommen. Der restliche Dampf wird vollständig über das Niederdruckteil der Turbine entspannt und im Kondensator kondensiert.

Ein Beispiel für ein Dampfkraftwerk ist das Heizkraftwerk Pfaffenhofen (Bild 5). Es zeichnet sich durch eine besonders günstige Wärme-Abnehmerstruktur aus, wodurch die Anlage ohne Altholz mit Holzhackschnitzeln wirtschaftlich betrieben werden kann [2].

Bild 5:   Heizkraftwerk Pfaffenhofen (Holzhackschnitzelgefeuertes Dampfkraftwerk mit wassergekühltem Vibrationsrost, el. Leistung 7,5 MW, elektrischer Wirkungsgrad 28,1%)

4.2 Organic - Rankine - Cycle (ORC-Prozess)

Eine der wenigen Arbeitsmaschinen im Leistungsbereich von wenigen 100 kW, die sich für den Einsatz von Festbrennstoffen eignet, ist der Organic-Rankine-Cycle, der ORC-Prozess. Der ORC-Prozess entspricht weitgehend dem Dampfturbinenprozess. Anstelle des Arbeitsmediums Wasser wird allerdings ein organisches Arbeitsmittel, wie beispielsweise Siliconöl, Toluol oder Pentan verwendet. Da die Temperaturniveaus in diesem Kreisprozess weitaus geringer sind, wurde der ORC-Prozess überwiegend für die Abwärmenutzung entwickelt und vor allem in geothermischen Kraftwerken eingesetzt. Durch das geringe verfügbare Temperaturgefälle werden allerdings nur sehr niedrige elektrische Wirkungsgrade von 12-18% erreicht.

4.3 Stirlingmotor

Immer wieder diskutiert für die Kraft-Wärme-Kopplung mit Biomasse wird der Stirlingmotor. Dadurch dass die Verbrennung beim Stirlingmotor extern, also nicht im Kolben abläuft, können auch aschehaltige Festbrennstoffe eingesetzt werden. Der Stirlingmotor zeichnet sich dadurch aus, dass er theoretisch einen besonders hohen Wirkungsgrad erzielen könnte, da er durch die isotherme Wärmezu- und abfuhr dem Carnot-Prozess besonders nahe kommt. Da allerdings Kreisprozessen immer eine Verbrennung vorgeschaltet ist, mindern nicht nur die Verluste des Kreisprozesses, sondern auch die vorgeschaltete Verbrennung die Brennstoffausnutzung.

Bild 6 macht deutlich, dass für die Effizienz des Gesamtprozesses allerdings nicht nur die Effizienz des Kreisprozesses, sondern ganz wesentlich auch die Effizienz der Wärmenutzung ausschlaggebend ist. Die Abgastemperatur beim Stirlingmotor muss stets höher sein als das obere Temperaturniveau der Wärmezufuhr. Bei üblichen Konfigurationen mit oberen Kreisprozess-Temperaturen von 650°C bedeutet dies, dass das Rauchgas nur bis zu Temperaturen um 700°C abgekühlt werden kann. Besonders bei Biomassefeuerungen kann aufgrund der niedrigen zulässigen Verbrennungstemperaturen also nur ein kleiner Teil der Rauchgaswärme zur Stromerzeugung genutzt werden.

Biomassegefeuerte Stirlingmotoren wurden in Krailing (40 kW, Fa. Magnet-Motor) und Österreich (Oberlech, 35 kW, Birkfeld 75 kW, Fa. Mawera) installiert. Mit den in Österreich installierten Anlagen konnten bereits mehrere tausend Betriebsstunden nachgewiesen werden.

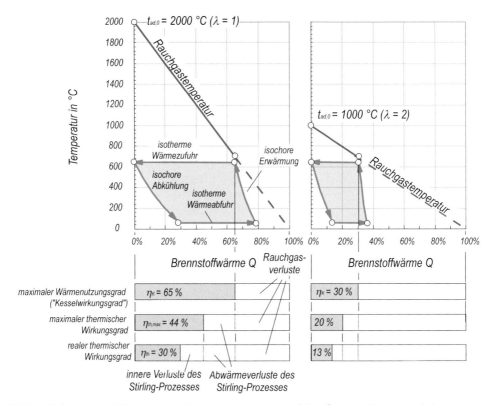

Bild 6: Einfluss des Luftüberschusses bei der Verbrennung auf den Gesamtwirkungsgrad eines Stirlingprozesses [1]

4.4 Dampfmotoren

Eine weitere Alternative zur Dampfturbine ist der Dampfmotor. Die Fa. Spilling bietet komplette BHKW mit Biomassefeuerung und Dampfkolbenmotor an. Der Nachteil dieses Konzeptes ist, wie beim ORC-Prozess, dass nur ein geringes Temperaturgefälle im Dampfmotor genutzt werden kann und deshalb nur elektrische Wirkungsgrade von unter 10% erreicht werden. Ein wesentlicher Durchbruch ist der Fa. Spilling dadurch gelungen, dass durch geeignete Materialpaarungen auf eine Ölschmierung des Motors verzichtet werden kann. Dadurch kommt das Kondensat nicht mit Öl in Berührung, das ansonsten im Dampferzeuger zu erheblichen Problemen führen würde. Neben dem Dampfmotor werden auch Dampfschraubenmotoren eingesetzt (Beispiel: Biomasse-Heizkraftwerk Hartberg, Österreich). Der wesentliche Vorteil der Dampfschraubenmotoren besteht darin, dass die Expansion auch vollständig im Nassdampfgebiet ablaufen kann und der Dampfschraubenmotor daher mit Sattdampf betrieben werden kann.

5 Technologien für die KWK mit Vergasungsanlagen

5.1 Vergaserkonzepte

Das gewichtigste Argument für eine Vergasung biogener Festbrennstoffe resultierte aus der Tatsache, dass gerade für kleine, dezentrale Anwendungen fast ausschließlich Arbeitsmaschinen zur Verfügung stehen, die auf gasförmige oder flüssige Brennstoffe angewiesen sind. Prinzipiell gibt es drei verschiedene Wege, flüssige oder gasförmige Brennstoffe aus Festbrennstoffen zu erzeugen – die Vergärung, die Pyrolyse und die thermische Vergasung.

Der derzeit am weitesten verbreitete Prozess ist die anaerobe *Vergärung* oder Fermentation in Biogasanlagen. Die anaerobe Fermentation kann derzeit nicht angewendet werden, wenn holzartige, also ligninhaltige Brennstoffe eingesetzt werden sollen. Damit kann nur ein sehr kleiner Teil der Potenziale biogener Energieträger tatsächlich genutzt werden.

Mit der thermischen Vergasung können dagegen auch holzartige und andere kohlenstoffhaltige Brennstoffe in ein brennbares Gas umgewandelt werden.

Das wesentliche Kernproblem der Nutzung von Brenngasen aus der thermischen Vergasung von Biomasse ist bis heute die Teerproblematik. Aufgrund des geringen Heizwertes können diese ‚Schwachgase' in der Regel nur in Gasmotoren genutzt werden. Für diese Nutzung muss das Brenngas allerdings stets abgekühlt werden. Bei der thermischen Vergasung fallen unvermeidbar auch aromatische höhere Kohlenwasserstoffe an, die bei Temperaturen unterhalb von 200 – 250°C auskondensieren und in Rohrleitungen oder im Motor dicke Teerschichten bilden. Teere, die nicht bereits vor Eintritt in den Kolben eines Motors auskondensiert sind, führen an den Ventilen und im Kolben zu Ablagerungen. Zur Lösung der Teerproblematik sind prinzipiell 3 Konzepte denkbar:

„Teerfreie Vergaser"

Eine „teerfreie Vergasung" ist nur bei extrem hohen Temperaturen realisierbar, wie sie beispielsweise in Flugstromvergasern (Shell-Vergaser, Prenflo-Vergaser, CarboV-Vergaser [3] etc.) erreicht werden.

Konzepte mit Kaltgasreinigung und Gasmotor

Da für die Nutzung von Schwachgasen aus der Luftvergasung nur Kolbenmotoren (Diesel- oder Ottomotoren) eingesetzt werden können, schlagen die meisten Konzepte eine Abkühlung und Reinigung der Brenngase mit Nasswäschern (mit Wasser oder organischen Lösungsmitteln), Katalysatoren oder Elektrofiltern vor.

Konzepte mit Heißgasreinigung, Gasturbinen und Hochtemperaturbrennstoffzellen

Die einfachste Möglichkeit, die Teerproblematik zu umgehen besteht darin, das Brenngas nicht unter die Kondensationstemperatur der Teere abzukühlen. Diese Konzepte verlangen allerdings Gase mit höheren Heizwerten und deshalb eine allotherme Vergasungsführung [1].

Besonders interessant ist die allotherme Vergasung besonders deshalb, weil sie durch die Erzeugung heizwertreicher Gase den zweckmäßigen Einsatz von Gasturbinen (z.B. Microturbinen) und Brennstoffzellen erlaubt. Um die gewünschten hohen Heizwerte zu realisieren, muss die für die endothermen Vergasungsreaktionen notwendige Wärme also aus externen Wärmequellen in den Vergasungsreaktor eingebracht werden, ohne – wie bei der herkömmlichen autothermen Vergasung – das entstehende Brenngas mit Rauchgas und Stickstoff aus der zugeführten Verbrennungsluft zu verdünnen.

Prinzipiell stehen für die Vergasung von Festbrennstoffen sehr unterschiedliche Verfahren zur Auswahl. Im unteren Leistungsbereich sind so genannte Festbettvergaser am weitesten verbreitet. Diese Festbettvergaser entsprechen den in den vierziger Jahren entwickelten Holzvergasern. Die einfachste Bauform ist der sogenannte Gegenstrom-Vergaser, der im Wesentlichen dem klassischen Imbertvergaser entspricht. Durch die Strömungsführung entstehen besonders teerreiche Gase. Deutlich besser ist dagegen der Teergehalt des Produktgases von Gleichstrom- oder Querstromvergasern. Hier passiert die Luft zunächst gemeinsam mit dem Brennstoff eine Trocknungszone und wird deshalb nur sehr langsam erwärmt. Die Luft strömt anschließend durch die Pyrolysezone und erst danach in die Oxidationszone.

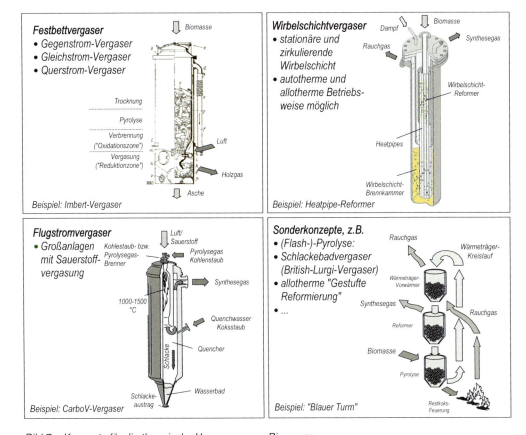

Bild 7: Konzepte für die thermische Vergasung von Biomasse

Vor allem bei Großanlagen sind dagegen Flugstromvergaser und Wirbelschichtvergaser üblich. Die Flugstromvergasung kommt für die Nutzung biogener Brennstoffe nur bei sehr günstigen

Randbedingungen in Frage, weil sie aufgrund der besonders hohen spezifischen Investitionskosten nur für Großanlagen oder für Anlagen zur Entsorgung von Reststoffen in Frage kommt.

Besonders interessant ist die Wirbelschicht-Technologie deshalb, weil damit auch eine allotherme Vergasung realisiert werden kann. Besonders erfolgreich wird derzeit der „intern zirkulierende Wirbelschichtvergaser" (FICFB-Vergaser) der TU Wien, im österreichischen Güssing demonstriert [4]. Der Vergaser erzeugt seit 2001 besonders wasserstoffreiche Gase, die in einem Gasmotor mit einer elektrischen Leistung von 2 MW genutzt werden.

Ein allothermes Vergasungsverfahren für den dezentralen Einsatz in kleinen KWK-Anlagen wurde an der TU München im Rahmen eines EU-Projektes entwickelt. Der Heatpipe-Reformer zeichnet sich besonders dadurch aus, dass er in Kombination mit einer einfachen Heißgasreinigung und Mikroturbinen auch im Leistungsbereich von um 100 kW$_{el}$ wirtschaftlich eingesetzt werden soll [5]. Der Heatpipe Reformer wurde für die TU München patentiert und steht unmittelbar vor seiner kommerziellen Umsetzung. Durch die Heatpipe-Reformer-Technologie wird die Stromerzeugung beispielsweise aus Holzhackschnitzeln auch in Kleinanlagen wirtschaftlich: Während Schulen, Krankenhäuser und kleinere Gemeinden bisher wirtschaftlich meist nur mit Wärme aus Biomasse versorgt werden, kann für diese Standorte in Zukunft zusätzlich auch Strom regenerativ erzeugt werden.

5.2 Kraft-Wärme-Kopplung mit Gasmotor

Die klassische Arbeitsmaschine für die Nutzung gasförmiger Brennstoffe im kleinen Leistungsbereich ist der Gasmotor. Ein großer Vorteil des Gasmotors besteht darin, auch Gase mit sehr niedrigen Heizwerten mit guten Wirkungsgraden umsetzen zu können. Neben den üblichen Motorkonzepten, wie dem Otto- oder dem Dieselmotor, werden besonders für Schwachgase Sonderkonzepte, wie der Zündstrahl-Dieselmotor, angeboten, mit dem selbst Brenngase mit Heizwerten unter 2000 kJ/m² verstromt werden können. Beim Zündstrahl-Dieselmotor wird kurz vor der Zündung des eigentlichen Treibgases eine kleine Menge Sekundär-Brennstoff, meist Propan oder Dieselöl, in den Kolben eingedüst und gezündet. Der dadurch entstehende ‚Zündstrahl' garantiert eine schnelle und gleichmäßige Verbrennung der Schwachgase und sichert so einen stabilen Betrieb des Motors auch bei sehr schlechter Gasqualität.

Im kleinsten Leistungsbereich werden derzeit sogenannte Mini-BHKW vertrieben. Diese Mini-BHKW werden vor allem für Mehrfamilienhäuser angeboten und erreichen mit Erdgas im Leistungsbereich unter 200 kW elektrische Wirkungsgrade um 25-35%. Ein Beispiel hierfür ist das BHKW-Modul „Dachs" der Fa. Senertec, das bei einer elektrischen Leistung von 5,5 kW einen elektrischen Wirkungsgrad von 27% erreicht.

5.3 Kraft-Wärme-Kopplung mit Microturbines

Eine Alternative zum Gasmotor ist die Gasturbine. Wesentlicher Vorteil ist hier, dass das Brenngas nicht unter die Kondensationstemperatur der Teere abgekühlt werden muss. Auch die Verbrennungsluft tritt systembedingt mit Temperaturen von deutlich über 300°C in die Brennkammer ein. Im Gegensatz zu Gasmotoren verlangen kommerziell verfügbare Gasturbinen allerdings Brenngase mit Heizwerten über 10.000 kJ/m³. Diese Gasqualitäten können mit herkömmlichen autothermen Festbett- oder Wirbelschichtvergasern nicht realisiert werden.

Eine interessante Technologie zur Realisierung von kleinen KWK-Einheiten im Leistungsbereich von einigen Kilowatt, sind so genannte Rekuperator-Gasturbinen oder Microturbine.

Microturbines sind kleine Gasturbinen mit Rauchgas-Wärmeübertrager. Ein vergleichsweise hoher Wirkungsgrad wird dadurch erreicht, dass die Abwärme des Rauchgases genutzt wird, um die bereits verdichtete Verbrennungsluft vor dem Eintritt in die Brennkammer vorzuwärmen. Der Rekuperator erlaubt die Nutzung der Abwärme des offenen Gasturbinenprozesses für die Vorwärmung der verdichteten Verbrennungsluft unmittelbar vor deren Eintritt in die Brennkammer. Dadurch entstehen vergleichsweise hohe elektrische Wirkungsgrade von bis zu 30% auch bei sehr kleinen Einheiten.

5.4 Kraft-Wärme-Kopplung mit Brennstoffzellen

Zunehmend wird auch die Verwendung von Brennstoffzellen für die dezentrale Kraft-Wärme-Kopplung mit Vergasungsanlagen diskutiert. Diese Technologie ist zwar noch am weitesten von der Einführung entfernt, bietet aber überaus große Potentiale und Perspektiven.

Von den zur Verfügung stehenden Brennstoffzellen-Konzepten eignen sich voraussichtlich überwiegend die Hochtemperatur-Brennstoffzellen, wie die Solid-Oxid-Fuel-Cell (SOFC), oder die Molten-Carbonate-Fuel-Cell (MCFC) für den Betrieb mit Holzgas. Dies liegt vor allem daran, dass die kostengünstigeren Polymer-Elektrolyt-Membran-Brennstoffzellen (PEMFC) nur mit reinem Wasserstoff betrieben werden können.

6 Zusammenfassung

Am weitesten Verbreitet ist derzeit die energetische Nutzung von Biomasse zur Nutzwärmeerzeugung. Stand der Technik für die Kraft-Wärme-Kopplung mit Biomasse ist nach wie vor die Nutzung biogener Festbrennstoffe in Dampfkraftwerken. In kleinen, dezentralen Anlagen kann Biomasse mit Stirlingmotoren, ORC-Prozessen oder Dampfmotoren bislang nur mit sehr geringen Wirkungsgraden umgesetzt werden.

Die Nutzung von Gasen aus der Vergasung von Biomasse in dezentralen Kraft-Wärme-Kopplungsanlagen ist voraussichtliche in den nächsten Jahren nur mit Gasmotor oder Microturbines wirtschaftlich möglich.

In jedem Fall besteht für diese Anwendungen ein großer Bedarf an effizienten, kostengünstigen Vergasungsverfahren. Forschungsbedarf besteht vor allem bei der Entwicklung kostengünstiger, allothermer Vergasungsverfahren, da diese prinzipiell höhere Heizwerte, und niedrigere Teergehalte erlauben. Vor allem aber die Entwicklung kostengünstiger Verfahren zur Gasreinigung, insbesondere Verfahren zur Teerabscheidung und zur Heißgasreinigung, muss noch entscheidend vorangetrieben werden. Jüngste Erfolge im Bereich der Teerabscheidung und der Heißgasreinigung sowie neuere Vergaser-Entwicklungen lassen erwarten, dass in den nächsten Jahren verschiedene Vergasungsverfahren auch für dezentrale Anwendung zur Verfügung stehen werden.

Diese Vergasungsverfahren werden die Wirtschaftlichkeit bestehender Heizwerke wesentlich verbessern und bieten vor allem für die energetische Nutzung biogener Reststoffe im Sinne des Kreislaufwirtschaftsgesetzes interessante Perspektiven.

7   Literatur

[1]   Karl, J.: Dezentrale Energiesysteme. Oldenbourg Verlag, München, 2004

[2]   www.eta-energieberatung.com

[3]   Starlfinger, J.: Flugstromvergaser im IGCC-Kraftwerksprozess. BWK 55 (2003), Nr. 6, S. 48-52

[4]   Rauch, R., Hofbauer, H., Loeffler,G.: Six years Experiences with the FICFB- Gasification Process. Proc. of the 12th European Conf. on Biomass for Energy, Amsterdam 2002

[5]   www.heatpipe-reformer.com

Martin Faulstich [Hrsg.]

Fachtagung Verfahren & Werkstoffe für die Energietechnik

Band 1 – Energie aus Biomasse und Abfall

Energie aus nachwachsenden Rohstoffen

Dr. habil. Armin Vetter, Dipl.-Ing. Thomas Hering

Thüringer Landesanstalt für Landwirtschaft

Dornburg

ATZ Entwicklungszentrum, Sulzbach-Rosenberg

Verlag Förster Druck und Service, Sulzbach-Rosenberg

1 Einleitung

Die Energiepolitik rückt zunehmend in das öffentliche Interesse. Dies ist vor allem in einer starken Sensibilisierung der Bevölkerung für umweltpolitische Themen, insbesondere die „Klimaveränderung", die deutlich werdende Verknappung von fossilen Rohstoffen sowie deren Verfügbarkeit begründet. Zudem hat der Irakkrieg die Abhängigkeit der Energiepreise von äußeren Einflüssen sehr deutlich veranschaulicht. Schlagworte wie „die Zeiten des billigen Öls sind endgültig vorbei" geben die allgemeine Stimmung wider. Weitere Argumente, wie Sicherheit und Gewährleistung einer preiswerten Energieversorgung sowie die Erhaltung und Schaffung von Arbeitsplätzen in Deutschland spielen ebenfalls zunehmend eine Rolle.

Die Bioenergieerzeugung kann damit zu einer neuen Einkommensquelle der Land- und Forstwirtschaft werden. Bei einer Wirtschaftlichkeitsbetrachtung der einzelnen Produktlinien ist immer die gesamte Kette vom Anbau, über die Bereitstellung/Logistik, die Konversion/Energieerzeugung bis hin zur Reststoffverwertung zu beurteilen. Oft werden nur die Vorteile einzelner Teilbereiche, z. B. die Kosten der Rohstoffe oder z. B. der Preis für die Energieerzeugung bzw. Herstellung des Energieträgers, gesehen.

2 Potenziale und Rahmenbedingungen

Bei den derzeit gültigen Rahmenbedingungen ist sowohl die Bereitstellung von gasförmigen Energieträgern (Biogas) zur Elektroenergieerzeugung als auch von flüssigen Energieträgern (Rapsöl und Ethanol) als Beimischung zu Kraftstoffen oder als Diesel- und Benzinersatz und die Bereitstellung von festen Energieträgern (Holz, Stroh) zur Wärme- und Stromerzeugung wirtschaftlich darstellbar. Zukünftig ist die Bereitstellung von Biomasse für die Produktion von BTL-Kraftstoffen = „Biomasse to liquid" zusätzlich zu berücksichtigen. Damit kann es zu einer Konkurrenz um die Fläche für die einzelnen Biomasseverwertungsketten bei gleichzeitiger Konkurrenz zur Food- und feed-Produktion kommen.

Nach Fritsche, et. al. (Bild 1), wird Bioenergie im Jahr 2010 vorrangig aus direkt angebauten Energiepflanzen, Waldrestholz, Biogas und Stroh erzeugt.

Energie aus nachwachsenden Rohstoffen

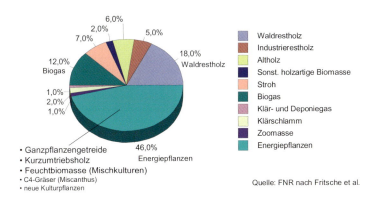

Bild 1: Struktur energetisch nutzbarer Biomasse im Jahr 2010 [1]

Bedingt durch die Novellierung des Erneuerbaren Energiengesetzes (EEG) und die gestiegenen Preise für Heizöl und Gas wird Waldrestholz inklusive Durchforstungsholz in naher Zukunft vorrangig für die Verstromung sowie für die Erzeugung von Wärme eingesetzt. Gleichzeitig benötigt die Zellstoffindustrie zunehmende Mengen von diesem Rohstoff, sodass eine Verknappung preiswerter Sortimente abzusehen ist. In ausreichenden Mengen steht dahingegen noch Stroh für die energetische Nutzung zur Verfügung. Das größte Potenzial von 46% machen die Energiepflanzen aus. Als Energiepflanzen werden bis 2010 vorrangig Raps für die Rapsölmethylesterproduktion, Getreide für die Ethanolproduktion und Futterpflanzen (Silagen) für die Biogasproduktion auf einem Teil der Flächen angebaut.

Ausgehend von den in 2005 bestehenden Anlagen für die Herstellung von Biokraftstoffen mit einer Kapazität von ≈ 1,6 Mio. t Biodiesel und 460.000 t Ethanol werden ≈ 1,8 Mio. ha Anbaufläche benötigt. Zum Vergleich, das ist die dreifache Ackerfläche Thüringens. Für die thermische Verwertung kommen vorerst die Nebenprodukte Holz und Stroh in Betracht. Bei einer Ausschöpfung der Potenziale sind dazu Holz aus Kurzumtriebsplantagen (Pappeln und Weiden) sowie Ganzpflanzengetreide in die nähere Auswahl mit einzubeziehen. Holz- und halmgutartige Bioenergieträger unterscheiden sich allerdings erheblich hinsichtlich der Form und der Dichte. Auf diese Parameter ist die Transportlogistik, die Lagerhaltung und die Zuführung in den Verbrennungsraum abzustimmen (Tab. 1).

Tabelle 1: Vergleich der Press- und Schüttdichten bei 85% TS-Gehalt

Form	Art/Sorte	Dichte kg/m^3
Häcksel	Stroh	50 -70
Rundballen	Stroh	100 - 120
Quaderballen	Gräser	120 - 180
Quaderballen	Stroh	130 -160
Quaderballen	Getreideganzpflanzen	150 - 230
Hobelspäne	Holz	80 - 100
Hackgut	Fichte	160 - 170
Sägemehl	Holz	160 - 180
Hackgut	Buche	250 - 260
Pellets	Holz und Stroh	400 - 650
Getreidekörner	Hafer	500 - 550
Getreidekörner	Gerste	600 - 650
Getreidekörner	Weizen/Roggen	700 - 750

Getreidekorn ist im weitesten Sinne ein „Naturpellet" mit dem Nachteil eines hohen Stickstoffgehaltes und dem Vorteil einer relativen Preiswürdigkeit im Vergleich zu Holzpellets. Vor diesem Hintergrund ist auch die Diskussion um die Getreideverbrennung zu verstehen. Beide Brennstoffe kommen vorrangig in Kleinfeuerungsanlagen zum Einsatz, wobei zu beachten ist, dass die thermische Verwertung von Getreidekörnern im Geltungsbereich der 1. BImSchV nicht gestattet ist. Für mittlere und größere Anlagen kommt gehacktes oder geschrettertes Holz oder gepresstes Halmgut, d. h. vorrangig Stroh zum Einsatz.

3 Anlagentechnik

Die thermische Nutzung von Holz zur Wärmeerzeugung ist Stand der Technik. Dahingegen ist die Einschätzung des Entwicklungsstandes bei der Verstromung von Biomasse kompliziert, da mit der Novellierung des Erneuerbaren Energien Gesetzes eine erhebliche Dynamik bei der Errichtung und bei der Entwicklung von Kraft-Wärmekopplungsanlagen eingetreten ist. Vollkommen ausgereift ist bekanntermaßen der Dampfkraftprozess (Bild 2).

Energie aus nachwachsenden Rohstoffen

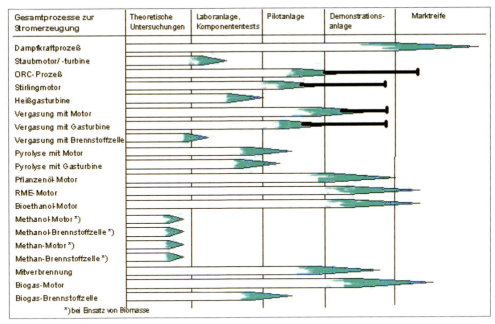

Bild 2: Entwicklungsstand KWK - Prozesse [Quelle: 2, ergänzt Vetter]

Seine Schwäche, wenn man überhaupt davon sprechen kann, liegt darin, dass die Wirtschaftlichkeit erst bei einer Leistung ab 5 MW$_{elektr.}$ (> 3 MW$_{elektr}$) erreicht wird. Der elektrische Wirkungsgrad derartiger Anlagen liegt bei 28 bis 37%. Das hat zur Folge, dass nur wenige Standorte verfügbar sind, die in der Grundlast bei der benötigten Feuerungswärmeleistung von 17 bis 20 MW$_{therm.}$ die anfallende Abwärme verwerten können. Bedingt durch das EEG, das für Waldrestholz einen Bonus von 2,5 Cent/kWh eingespeisten Strom vorsieht, befinden sich zahlreiche Anlagen im Bereich 5 MW$_{elektr.}$ im Bau bzw. in der Planungsphase. Aber auch größere Anlagen, wie das Kraftwerk der Stadtwerke Leipzig bei Bischofferode seien erwähnt. Die geplante elektrische Leistung beträgt 20 MW (Wirkungsgrad 37%). Die Investitionssumme liegt bei ca. 50 Mio. € (2.500 €/kW$_{elektr.}$). Zum Betrieb des Heizwerkes werden ca. 135.000 fm Holz aus umliegenden Wäldern benötigt. Der Anbau von Kurzumtriebsholz zur ergänzenden Bedarfsdeckung befindet sich in der Planung bzw. Vorbereitung.

Das EEG gibt bei einem Einsatz von neuen Technologien einen weiteren Bonus (Innovationsbonus) von 2 Cent/kWh$_{elektr.}$. Konkret gilt das, wenn die Biomasse durch thermochemische Vergasung oder Trockenfermentation umgewandelt, oder Biogas zu Erdgasqualität aufbereitet wurde. Des Weiteren aufgeführt sind Brennstoffzellen, Gasturbinen, Dampfturbinen, Dampfmotoren, Organic-Ranking-Anlagen (ORC), Mehrstoffgemisch-Anlagen, insbesondere Kalina-Cycle-Anlagen oder Stirling-Motoren. In den letzten Jahren wurden die Entwicklungen bis hin zur Praxisreife, beim Stirling-Motor und vor allem dem ORC-Prozess vorangetrieben (s. Bild 2). Im Vergleich zum Dampfkraftprozess wird bei beiden Verfahren bedeutend weniger Strom ausgekoppelt. Der elektrische Wirkungsgrad beim ORC-Prozess wird mit maximal 20% angegeben, realistisch dürften zz. 17 bis 18% sein (Stirling-Motor < 12%). Der Vorteil beider Prozesse liegt darin, dass sie schon für kleinere Anlagengrößen (ca. 200 kW$_{elektr.}$) angeboten werden. Die gängige Anlagengröße (ORC) bewegt sich im Bereich 500 bis 1.500 kW$_{elektr.}$ d. h. aber gleichzeitig, dass bei den geringen elektrischen Wirkungsgraden, eine Nutzung der Abwärme dringend geboten ist. Vorteilhaft ist allerdings, dass die Anlagen mit 9 bis 10 bar nicht der Dampfkesselverordnung unterliegen. Trotz des verhältnismäßig geringen elektrischen Wirkungsgrades versprechen ORC-Anlagen durch den Innovations- und den KWK-Bonus im EEG ($\sum$ 4 Cent/kWh) einen wirtschaftlichen Betrieb. Interessant könnte diese Technologie auch für die energetische Verwertung von Stroh werden, da das Thermoöl nur auf ca. 100°C erhitzt zu werden braucht. Die Verbrennungsanlage kann mit verhältnismäßig niedrigen Temperaturen betrieben werden, so dass es nicht zu Verschlackungen kommen dürfte.

4 Brennstoffpreise und Wirtschaftlichkeit

An dieser Stelle lohnt sich auch ein Blick auf die Rohstoffpreise, ausgedrückt in €/GJ (Bild 3). Das in Deutschland anfallende preiswerte Altholz ist größtenteils bereits für eine Verwertung vertraglich gebunden. Eine ähnliche Entwicklung zeichnet sich für die preiswerten Energieholzsortimente aus dem Wald ab. Frei Waldstraße ist mit Preisen von 20 €/fm bei Laubholz und 25 €/fm bei Nadelholz zu kalkulieren. Zuzüglich Transport und Hackung werden dann Preise zwischen 4 und 5 €/GJ frei Heizwerk fällig. Stroh ist zu Preisen zwischen 3 und 3,5 €/GJ frei Heizwerk bereitstellbar. Da Stroh als nachwachsender Rohstoff eingestuft ist, kommt bei einer 5 MW$_{elektr.}$-Anlage noch die Differenz zu Holz von 1,5 Cent/kWh bei der Einspeisung hinzu. Bezogen auf den Brennstoff macht das ≈ 0,5 Cent/kWh, das entspricht ca. 25 Euro/t atro, aus. Es sollte überprüft werden, ob Strohheizkraftwerke, die einerseits über den Investitionskosten von vergleichbaren Holzheizkraftwerken liegen, aber andererseits mit niedrigeren Brennstoffpreisen kalkulieren können und eine erhöhte Einspeisevergütung erhalten, in Deutschland wirtschaftlich betrieben werden können.

Energie aus nachwachsenden Rohstoffen

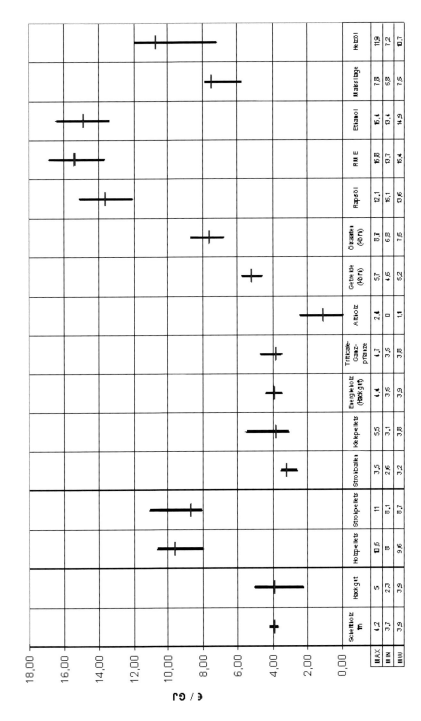

Bild 3: Preise für biogene Energieträger in €/GJ

Dass dies technisch und logistisch möglich ist, zeigen die (Heiz-)Kraftwerke vor allem in Dänemark (Tab. 2), wo die Verstromung von Stroh, auch in Kombination mit weiteren biogenen Stoffen seit Jahren betrieben wird.

Tabelle 2: Ausgewählte strohgefeuerte (Heiz-) Kraftwerke in Europa [3]

Standort	Leistung	Feuerungssysteme	Jährlicher Brennstoffeinsatz	Inbetriebnahme
Ensted Dänemark	40 MW$_{el}$	aufgelöst/ Stoker	120 000 Mg Stroh 30 000 Mg Hackschnitzel	1998
Cambridgeshire Großbritannien	36 MW$_{el}$	aufgelöst/ Stoker	200 000 Mg Stroh (50-miles-Radius)sowie Erdgas	2001
Studstrup Dänemark	30 von 150 MW$_{el}$	aufgelöst/ Stoker	50 000 Mg Stroh sowie mind. 80 % Kohle	1995
Sangüesa Spanien	25 MW$_{el}$ mit KWK	aufgelöst/ Stoker	160 000 Mg Stroh	2002
Slagelse Dänemark	11,7 MW$_{el}$ mit KWK	aufgelöst/ Stoker	25 000 Mg Stroh 20 000 Mg Hausmüll	1990
Maribo Dänemark	9,3 MW$_{el}$ mit KWK	aufgelöst/ Stoker	40 000 Mg Stroh	2000
Grena Dänemark	8,5 von 17 MW$_{el}$ mit KWK	aufgelöst/ pneumatisch	55 000 Mg Stroh 40 000 Mg Kohle	1992
MasnedØ Dänemark	8,3 MW$_{el}$ mit KWK	aufgelöst/ Stoker	40 000 Mg Stroh 8 000 Mg Hackschnitzel	1996
Mabjerg Dänemark	5,6 von 28 MW$_{el}$ mit KWK	Zigarrenbrenner, 2 weitere Kessel	35 000 Mg Stroh, 150.000 Mg Hausmüll, 25.000 Mg Hackschnitzel, Erdgas	1993
Haslev Dänemark	5,0 MW$_{el}$ mit KWK	Zigarrenbrenner	25 000 Mg Stroh	1989
RundkØbing Dänemark	2,3 MW$_{el}$ mit KWK	aufgelöst/ Stoker	12 500 Mg Stroh	1990

In Deutschland sind Varianten der Mitverbrennung, z. B. mit Müll, Kohle oder Holz aus wirtschaftlichen Gründen, da EEG schädlich, nicht möglich. Dies ist umso bedauerlicher, da Probleme bei der Strohverbrennung minimiert werden könnten.

5 Brennstoffeigenschaften

Im Projekt „Standardisierung biogener Festbrennstoffe"[4] wurden seitens der beteiligten Institutionen unter Federführung des IER Stuttgart eine Zusammenstellung mit Eigenschaften und Elementen von biogenen Festbrennstoffen hinsichtlich ihrer Wirkung auf die Verbrennungsführung, die Emissionen und die Ascheverwertung vorgenommen (Tab. 3).

Tabelle 3: Einfluss auf die Verbrennungsführung (A), Emissionen (B) und Ascheverwertung (C), Wichtung A, B, C : 1 (groß), 2 (mittel), 3 (gering)

Eigenschaft/ Element	Auswirkung auf	Art der Auswirkung	Priorität
Heizwert H_u	A	Anlagenauslegung; Brennstoffzuführung	-
Wassergehalt	A	Heizwert, Lagerfähigkeit, Brennstoffzuführung	1
Aschegehalt	A, B	Staubemissionen, Auslegung, Staubabscheidesysteme	1
Ascheschmelzverhalten	A, B	Verschmutzungen und Verschlackungen der Wärmetauscherflächen, Anlagenverfügbarkeit	1
Aschezusammensetzung	B	Aschefraktionierung beeinflusst Auslegung der Staubabscheidesysteme	-
N	B	NO_x-Emissionen	1
Cl	A, B	Hochtemperaturchlorkorrosion, HCl-Emissionen	1
S	A, B	Fördert Chlorkorrosion, SO_2-Emissionen (Ascheeinbindung), Verschmutzung durch Alkalisulfate	1 – 2
K	A, B, C	Erniedrigt Ascheschmelzpunkt, KCl-Emission, Korrosion, Verschmutzung, Verschlackung durch Bildung von Alkalisilikaten, Hauptascheelement (Stroh)	1
P	A, C	Schadstoffeinbindung in Asche	2
F	B	HF-Emissionen	-
Na	A	Erniedrigt Ascheschmelzpunkt, Korrosion, Verschmutzung, Verschlackung durch Bildung von Alkalisilikaten	2

Tabelle 3: Einfluss auf die Verbrennungsführung (A), Emissionen (B) und Ascheverwertung (C), Wichtung A, B, C : 1 (groß), 2 (mittel), 3 (gering) – Fortsetzung

Eigenschaft/ Element	Auswirkung auf	Art der Auswirkung	Priorität
Mg	A	Erhöht Ascheschmelzpunkt	2
Al	A	Erhöht Ascheschmelzpunkt, Verschmutzung, Verschlackung	2
Ca	A	Verändert Ascheschmelzpunkt, Hauptascheelement (Holz)	2
Fe	A	Erhöht Ascheschmelzpunkt, Verschmutzung, Verschlackung	-
Si	A	Erhöht Ascheschmelzpunkt, Verschmutzung, Verschlackung, Hauptaschebildungselement	2 – 3
Cu	C	Verwertbarkeit der Verbrennungsrückstände, Emissionsgrenzen	-
Pb	C	Verwertbarkeit der Verbrennungsrückstände, Emissionsgrenzen	2
Zn	C	Verwertbarkeit der Verbrennungsrückstände, Emissionsgrenzen	2
Cr	C	Verwertbarkeit der Verbrennungsrückstände,	2 – 3
Cd	C	Verwertbarkeit der Verbrennungsrückstände, Emissionsgrenzen	2
As, Co, V, Mn, Mo, Ni, Hg	C	Verwertbarkeit der Verbrennungsrückstände	-

Wasser- und Aschegehalt, das Ascheschmelzverhalten sowie die Stickstoff-, Chlor-, Schwefel- und Kaliumgehalte sind neben den eingangs dargestellten physikalischen Parametern die wichtigsten Eigenschaften biogener Energieträger, die es zu berücksichtigen gilt.

Da halmgutartige Biomasse nur lagerfähig ab einem Wassergehalt < 20% ist, unterliegt der Heizwert (H_u) im Gegensatz zu Holz nur geringen Schwankungen. Demgegenüber ist der Aschegehalt bedeutend höher. Er variiert zudem innerhalb der Arten erheblich. Im Extremfall konnten bei Rapsstroh Aschegehalte bis 15% ermittelt werden. Als Planungswert sind 5 – 8% Aschegehalt zugrunde zu legen. Die hohen Gehalte sind bei der Auslegung der Ascheaustragsysteme und der Staubabscheidesysteme zu berücksichtigen.

Stickstoff als extrem flüchtiges Element wird zu über 95%, Chlor zu 50 – 75% und Schwefel zu 60 – 80% emittiert. Dementsprechend sind niedrige Gehalte an diesen Elementen im Brennstoff erwünscht. Obernberger [5] gibt als Richtkonzentration < 0,6%N, < 0,1%Cl und < 0,1%S in der Brennstofftrockenmasse an. Mit halmgutartigen biogenen Brennstoffen können diese Richtwerte bis auf Stickstoff bei Getreidestroh und Miscanthus nicht eingehalten werden (Bild 4).

Stickstoff
Getreidekorn> Ganzpflanzengetreide > Gräser > Rapsstroh > Miscanthus > Getreidestroh

Chlor
Haferstroh > Raps-/Gerstenstroh > Gräser > Weizen-/Roggenstroh > Ganzpflanzengetreide > Miscanthus > Getreidekorn

Schwefel
Rapsstroh > Getreidestroh > Ganzpflanzengetreide > Getreidekorn > Miscanthus

Kalium
Haferstroh > Raps-/Gerstenstroh > Gräser > Weizen-/Roggenstroh > Ganzpflanzengetreide > Miscanthus > Getreidekorn

Aschegehalt
Holz < Getreidekorn < Ganzpflanzengetreide < Getreidestroh < Rapsstroh < Gräser

Ascheschmelzverhalten
Holz > Knöterich/Topinambur > Getreidestroh grau/Rapsstroh > Getreidestroh gelb/Ackergras > Getreidekorn

Bild 4: Staffelung der Inhaltsstoffgehalte

Die kritische Grenze bezüglich der NO_x-Emissionen kann bei ca. 1 - 2% Stickstoff im Brennstoff angegeben werden. Dies belegen Untersuchungen des TFZ Straubing und eigene Messungen an einer 900 kW-Anlage (Bild 5).

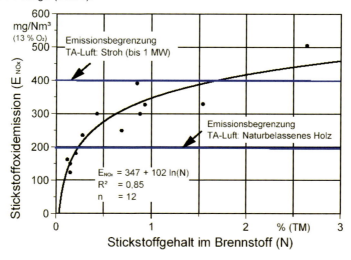

Bild 5: Einfluss des Stickstoffgehaltes auf den NOx-Ausstoß (angegeben als NO2). Messungen in einer 900 kW-Hackschnitzelfeuerungsanlage mit wassergekühlter Brennmulde

Die Problematik der Getreideverbrennung mit Stickstoffgehalten > 2,0% im Brennstoff wird damit deutlich. Dass die NO_x-Emissionen begrenzt werden können zeigen neuere Entwicklungen speziell für die Getreidenutzung im Kleinfeuerungsbereich.

Kompliziert stellt sich der Umgang mit Chlor dar. Mit steigendem Chlorgehalt in den Brennstoffen ist eine Zunahme der HCl-Emissionen im Rohgas zu verzeichnen.

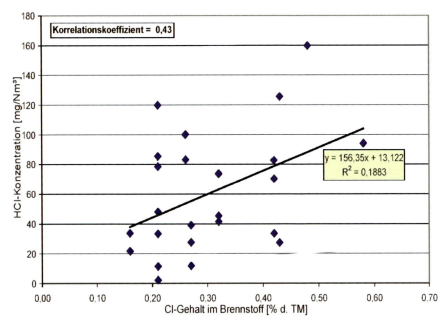

Bild 6: HCl-Emissionen im Rohgas in Abhängigkeit vom Chlorgehalt im Brennstoff im Strohheizwerk Schkölen [4]

Damit ist eine erhöhte Korrosion, z. B. an Wärmetauschern zu erwarten. Der Einsatz hochwertiger und damit auch preisintensiver Werkstoffe ist vor diesem Hintergrund zu überprüfen.

Eine ähnliche Tendenz wie bei HCl war im Rohgas auch bei den PCDD/F-Emissionen zu verzeichnen. Allerdings ist nach den Filtern im Reingas keine Beziehung zwischen Brennstoff-Chlorgehalt und PCDD/F-Emissionen feststellbar.

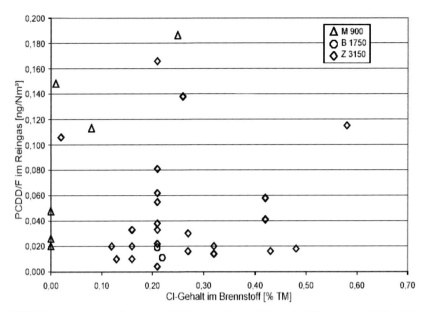

Bild 7: PCDD/F-Emissionen im Reingas in Abhängigkeit vom Chlorgehalt im Brennstoff (Schkölen 1994/95 - Z3150)

Neben der Filtertechnik haben zudem die Anlageneinstellung und die Verbrennungsführung einen erheblichen Einfluss auf die Höhe der HCl- und PCDD/F-Emissionen.

6 Ausblick

Obwohl die halmgutartigen Brennstoffe bei der Verbrennung nicht einfach zu händeln sind, ist ihnen zukünftig mehr Aufmerksamkeit zu schenken. Die ist vor allem in der starken Nachfrage nach naturbelassenem Holz seitens der Zellstoffindustrie, von Kleinverbrauchern und von „EEG-Anlagen" begründet. Preisgünstig zu gewinnendes Holz steht nur in begrenzten Mengen zur Verfügung. Die Alternative „Energieholz aus Kurzumtriebsplantagen" kann diesen Bedarf in Zukunft sicher auch nur bedingt abdecken. Entwicklungen zur Effizienzsteigerung bei der thermischen Verwertung nachwachsender Rohstoffe, gekoppelt mit einer Verbreiterung des Einsatzspektrums an Rohstoffen, sind aus der sich abzeichnenden Nachfrage zu forcieren.

7 Literatur

[1] Fritsche, U.R. et al: Stoffstromanalyse zur nachhaltigen energetischen Nutzung von Biomasse, Mai 2004

[2] Heinrich, P., Jahraus, B.: Stromerzeugung aus Biomasse: Überblick über die technischen Verfahren und deren Wirtschaftlichkeit. In: Gülzower Fachgespräch „Energetische Nutzung von Biomasse durch KWK" 2000

[3] Thrän, D., Kaltschmitt, M.: Stroh als biogener Festbrennstoff in Europa. In: Gülzower Fachgespräche, 2001 Band 17

[4] Härdtlein, M., Eltrop, L., Thrän, D. (Hrsg.): Vorrausetzungen zur Standardisierung biogener Festbrennstoffe. In: Schriftenreihe „Nachwachsende Rohstoffe" 2004 Band 23

[5] Obernberger, I.: Beurteilung der Umweltverträglichkeit des Einsatzes von Einjahresganzpflanzen und Stroh zur Fernwärmerzeugung, Jahresbericht 1997

Martin Faulstich [Hrsg.]

Fachtagung Verfahren & Werkstoffe für die Energietechnik
Band 1 – Energie aus Biomasse und Abfall

Energie aus Altholz

Dr.-Ing. Matthias Eichelbrönner

MVV BioPower GmbH

Mannheim

ATZ Entwicklungszentrum, Sulzbach-Rosenberg

Verlag Förster Druck und Service, Sulzbach-Rosenberg

1 Potenzial

Gebrauchtholz und Altholz definieren sich über das Kreislaufwirtschafts- und Abfallgesetz und der Altholzverordnung als Grundlage für eine stoffliche oder energetische Verwertung. Der Verwertung wird dabei Vorrang vor der Beseitigung gegeben, wobei sich die Beseitigung über die Ausschlusskriterien der Altholzverordnung und der Biomasseverordnung definiert. Im Sinne der Beseitigung ist eine Deponierung von Altholz nicht mehr zulässig.

Unterscheidung nach vier Altholzkategorien gemäß Altholzverordnung:

A I naturbelassenes oder lediglich mechanisch bearbeitetes Altholz, das bei seiner Verwertung nicht mehr als unerheblich mit holzfremden Stoffen verunreinigt wurde.

A II verleimtes, gestrichenes, lackiertes oder anderweitig behandeltes Altholz ohne halogenorganische Verbindungen in der Beschichtung (z.B. PVC) und ohne Holzschutzmittel

A III Altholz mit halogenorganischen Verbindungen in der Beschichtung ohne Holzschutzmittel

A IV (höchste Altholzkategorie) mit Holzschutzmitteln behandeltes Altholz wie Bahnschwellen, Leitungsmasten, Hopfenstangen sowie sonstiges Altholz, das aufgrund seiner Schadstoffbelastung nicht den Kategorien A I bis A III zugeordnet werden kann, ausgenommen PCB-haltiges Altholz.

Zur energetischen Verwertung kommen grundsätzlich alle Altholzklassen in Frage, während zur stofflichen Verwertung beispielsweise zum Einsatz in Spanplatten nur die Klassen A I und A II eingesetzt werden können. Bei Mischfraktionen muss im Zweifelsfall grundsätzlich die höhere Altholzkategorie angewandt werden.

Bild 1: Altholzsammelplatz

Energie aus Altholz

Altholz fällt im gesamten Entsorgungsbereich von Hausmüll bis zum Gewerbe- und Industriemüll an bzw. unmittelbar als Reststoff in der Industrie. Das Aufkommen an Altholz beträgt in den alten Bundesländern jährlich zwischen 70 und 90 kg pro Einwohner und in den neuen Bundesländern zwischen 160 und 120 kg pro Einwohner, mit fallender Tendenz. Das energetisch nutzbare Aufkommen beträgt demnach etwa 6 Mio. Tonnen pro Jahr wobei die Mengen für die stoffliche Verwertung berücksichtigt sind. Unklar ist derzeit, wie viel Aufkommen noch immer deponiert wird, obwohl sich mit der Altholzverordnung und zusätzlich mit der TA-Siedlungsabfall, eine Verbringung auf Deponien seit Juni 2005 verbietet.

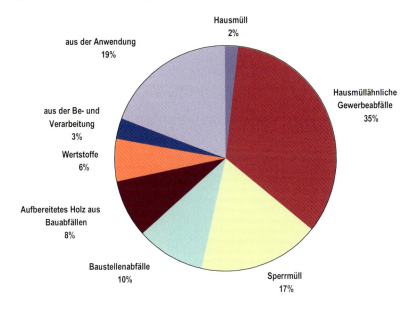

Bild 2:   Aufkommen an Altholz und Gebrauchtholz in Deutschland [1]

2   Auswirkung des Erneuerbare Energien Gesetz EEG vom April 2000

Bereits das EEG aus dem Jahr 2000, in Verbindung mit der Biomasseverordnung, schloss Altholz zur energetischen Nutzung vollumfänglich mit ein. Damit wurde für das vorgenannte Potential ein Genehmigungsfenster für neue Altholzkraftwerke bis zum 30.06.2004 definiert, innerhalb dessen die Biomasseverordnung einen positiven Genehmigungsbescheid für ein Projekt im Sinne des EEG fordert.

Tabelle 1: Aufkommen an Altholz und Gebrauchtholz in Deutschland [1]

Gebrauchtholz und Altholz	technisches Potential 1.000 t/a
Hausmüll	155
Hausmüllähnliche Gewerbeabfälle	2.679
Sperrmüll	1.370
Baustellenabfälle	804
Aufbereitetes Holz aus Bauabfällen	646
Wertstoffe	487
Industrierestholz	
aus der Be- und Verarbeitung	254
aus der Anwendung	1.505
Gesamt	
technisches Potential	7.900
abzüglich Spanplattenindustrie	-1.900
Energetisch nutzbares Material	**6.000**
in PJ/a	78

Das obige Potential reicht für maximal 50 Kraftwerke der 20 MW Klasse bzw. einer entsprechend größeren Anzahl kleinerer Kraftwerke oder Heizkraftwerke. Anfangs gab es deutlich mehr Projektansätze als Brennstoff – der Markt war völlig überzeichnet. Resultierend wurden bis Ende 2004 etwa 100 Heizkraftwerke errichtet, mit einer Gesamtleistung von bis zu 700 MW und einem Brennstoffbedarf von ca. 6 Mio. t Holz/a [Quelle: Bundesverband BioEnergie e.V. 2005]. Damit kann der Markt für große Projekte als gesättigt angesehen werden, auch wenn bei allen Heizkraftwerken neben Altholz auch sonstige Holzsegmente wie Landschaftspflegeholz mit verbrannt werden.

Energie aus Altholz

Bild 3: Altholzkraftwerke in Deutschland, Bedarf 4 Mio.t/a [2]

3 Preisentwicklung von Altholz

Der Preis für Altholz ist seit der Inbetriebnahme der ersten Altholzkraftwerke in Bewegung geraten. Insbesondere die minderwertigen Fraktionen von A III und A IV haben einen deutlichen Preisanstieg erfahren, obwohl sie für eine energetische Verwertung eine Rauchgasreinigungsanlage nach der 17. BImSchV benötigen. Am deutlichsten wird dies bei belastetem vorgebrochenem Altholz (siehe Bild 4), dessen Preis von - 45 €/t im Januar 2002 auf - 6 €/t im April 2005 stieg. Rechnet man die nächste noch notwendige Aufbereitungsstufe für brennfertiges Holz mit ein, so liegt der Preis im Bundesdurchschnitt für diese Fraktion bei etwa 5 €/t. Dieser Anstieg erklärt sich einerseits aus der Nachfrage und andererseits aus dem Energieinhalt, der nahezu unabhängig von der Altholzkategorie ist. Bei nahezu identischem Heizwert ist letztlich nur noch die Menge und der Preis entscheidend und weniger die Unterscheidung nach belastetem oder unbelastetem Altholz. In der Praxis zeigen sich allerdings deutliche Qualitätsunterschiede im Anteil der Stör- und Inertstoffe (Metalle, Steine, Erde etc.). Je nach Herkunft und Vorbehandlungsqualität können deren Gewichtsanteile deutlich über 10% betragen. Daher wird zunehmend ein zusätzliches Preiselement bezüglich der Störstoffanteile (und des Wassergehaltes) eingeführt und mit Abschlägen bewertet, da sie im Kraftwerksbetrieb den Verschleiß erhöhen und zu einem erhöhten Ascheanfall führen und damit die Entsorgungskosten für Asche in die Höhe treiben.

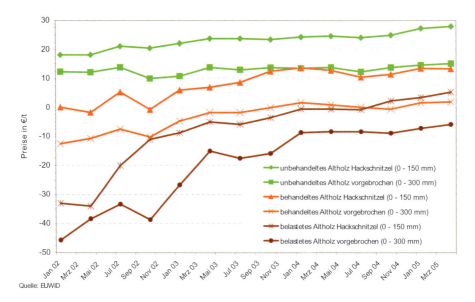

Bild 4: Entwicklung der Marktpreise für Altholz verschiedener Qualitäten

Die Variabilität der Preise schwankt zwischen den Regionen hoher Nachfrage und niedriger Nachfrage mit bis zu 5 €/t stark. So bleibt für die Wirtschaftlichkeit eines Altholzheizkraftwerks entscheidend, wie die jeweilige regionale Beschaffungsstruktur gelebt werden kann. Wegen seiner hohen Kraftwerksdichte sind die Preise in der Region Berlin Brandenburg bundesweit am höchsten.

4 Genehmigungskonforme Altholzverwertung zur Energieerzeugung

Der Brennstoff Altholz unterliegt zur energetischen Verwertung der Altholzverordnung und der Biomasseverordnung. Insbesondere Althölzer der Klasse A IV sind in ihrer Entsorgung als überwachungsbedürftig eingestuft und bedürfen daher des Entsorgungsnachweises.

Entsprechend erfordert ein genehmigungskonformer Betrieb eines Biomasseheizkraftwerks eine umfangreiche Eingangs- und Qualitätskontrolle, siehe auch Bild 6, für die zu verwertende Biomasse hinsichtlich:

- Konformität des Brennstoffes mit EEG, Biomasseverordnung, Altholzverordnung sowie Betriebsgenehmigung des Heizkraftwerks in Bezug auf die genehmigten Biomassen

- Verwiegung der LKW oder anderer Transportvehikel bei Ankunft

- Materialkontrolle auf Aussehen und Geruch im Sinne der Altholzkategorien

- Ggf. Prüfung der Qualität durch einen unabhängigen Dritten

- Ausstellung des Brennstoff-Annahmescheins für jede Lieferung

- Maßnahmen für eine Lieferung, die nicht zu Verwertung freigegeben wird: Beweisfoto /Umdeklarierung (zur Beseitigung)/ Einzelanalyse / separate Lagerung / Rückweisung

- Probenahme ggf. täglich mehrfach

- Aufbewahrung von wöchentlichen Mischproben

Eine Nichteinhaltung der Genehmigungsauflagen führt von Seiten der Genehmigungsbehörde zur Anlagenstilllegung.

Bild 5: Holzaufbereitung und Lagerung am Standort Biomassekraftwerk Königs Wusterhausen

Im laufenden Betrieb hat sich gezeigt, dass die Eingangskontrollen funktionieren und der Brennstoff gemäß der Verordnungslage und den Annahmeparametern der Kraftwerke beschafft werden kann. Festzustellen ist daher, dass sowohl nicht genehmigungskonforme Störstoffe als auch grobe und staubförmige Inertanteile im Brennstoff stellenweise zur Zurückweisung von Brennstofflieferungen führten.

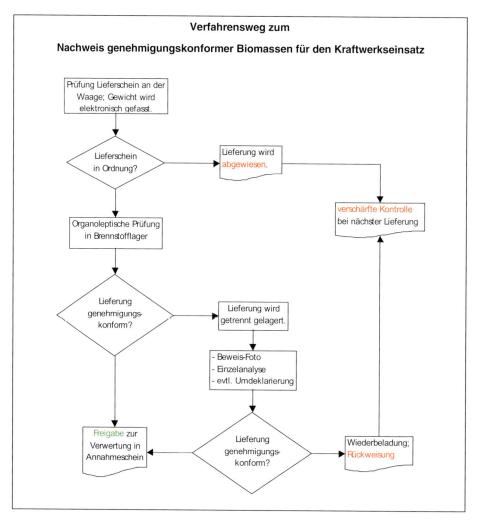

Bild 6: Verfahrensfließbild für die Altholzannahme

Energie aus Altholz

5 Das Biomassekraftwerk Mannheim

Bild 7: Das Biomassekraftwerk Mannheim

Technische Daten:

- Feuerung: wurfbeschickter Wanderrost Typ Detroit Stoker
- Dampfleistung 80 t/Stunde
- Dampfparameter 65 bar bei 450°C
- Dampfauskopplung in das Hochdruckdampfnetz am Standort vorgesehen
- Luftkondensator
- Leistung 20 MW elektrisch
- Stromproduktion 160.000 Megawattstunden pro Jahr
- Holzbedarf A I bis AIV jeweils 16 t/h
- CO_2-Vermeidung 150.000 pro Jahr
- Holzlagerplatz, Holzaufbereitung und Vorratssilo vor Ort
- Inbetriebnahme 2003

6 Das Biomassekraftwerk Königs Wusterhausen

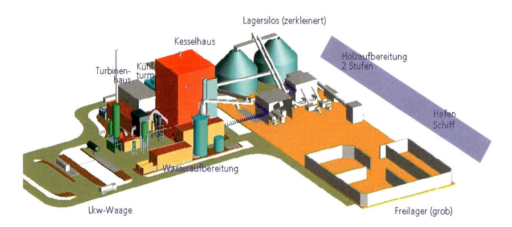

Bild 8: Das Biomassekraftwerk Königs Wusterhausen

Technische Daten:

- Feuerung: zirkulierende Wirbelschicht Hersteller Foster Wheeler
- Dampfleistung 64 t/Stunde
- Dampfparameter 87 bar bei 477°C
- Wärmeauskopplung möglich
- Kondensator Nasskühlturm
- Leistung 20 MW elektrisch
- Stromproduktion 160.000 MWh/a
- Holzbedarf A I bis A IV jeweils 13 t/h
- Elektrischer Wirkungsgrad über 36%
- CO_2-Vermeidung 150.000 pro Jahr
- Holzlagerplatz, Holzaufbereitung und zwei Vorratssilos vor Ort
- Inbetriebnahme 2003

7 Betriebserfahrungen

Die Verfügbarkeit von Biomasseheizkraftwerken und -kraftwerken liegt in der Größenordnung von 7.000 bis 8.000 Volllaststunden pro Jahr. Zudem ist die Leistungsabgabe in hohem Maß stetig, siehe auch Bild 9. Damit fallen Biomassekraftwerke eindeutig in die Grundlastversorgung der Stromwirtschaft.

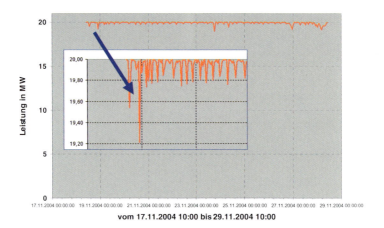

Bild 9: *Leistungsverlauf eines 20 MW Kraftwerks*

Am Standort Gengenbach betreibt die MVV ein Biomasseheizkraftwerk mit einer elektrischen Leistung von 2,7 MW. In den beiden letzten Jahren konnten dort 8.100 und 8.200 Volllaststunden erzielt werden. Dies zeigt, wie zuverlässig Biomassekraftwerke nach einer Einlauf- und Lernzeit von etwa zwei Jahren betrieben werden können. Die großen Biomassekraftwerke der MVV an den Standorten Mannheim (20 MW), Königs-Wusterhausen (20 MW) und Flörsheim-Wicker (14 MW) haben im ersten Betriebsjahr bereits zwischen 6.000 und gut 7.000 Volllaststunden erreicht. Es kann daher davon ausgegangen werden, dass das Ziel von mindestens 8.000 Volllaststunden zumindest teilweise bereits im zweiten Betriebsjahr erreicht werden wird.

In den kritischen ersten Monaten nach der Inbetriebnahme zeigen sich Auslegungsengpässe und andere Auslegungsschwächen beispielsweise in der Holzaufbereitung und Zuführung ins Kraftwerk. Die Emission von Holzstaub im Außenbereich ist zum Beispiel eine der wesentlichen Problembereiche, denn bei der Aufbereitung von Altholz in feuerungskonforme Hackschnitzel entsteht Holzstaub, was zudem noch Explosionsgefahr mit sich bringt. Je nach Staubkonzentration z.B. an Bandübergabestationen oder in Hammermühlen sind besondere Explosionsvermeidungsmaßnahmen notwendig, wie Staubabsaugung, hoher Luftdurchsatz, Funkenlöschung, explosionsfeste Bauweise oder auch Befeuchtung des Staubes durch Wassernebel. Die Ausführung des Transports von Holzhackschnitzel von der Abladestelle bis in den Feuerraum bedarf ausgewiesener Erfahrung. Verstopfungen durch ungünstige Wegführung, Engstellen oder Verpressungen können den Kraftwerksbetrieb empfindlich stören.

Je nach Kraftwerkskonzept können an den Kesselwänden oder Überhitzerheizflächen Erosion oder Korrosion auftreten, die vor allem durch Chlor und andere Substanzen im Altholz hervorgerufen werden. Derartigen Auswirkungen des Brennstoffes kann entweder durch die Verwendung von hochlegierten Stählen oder durch Senkung der Dampfparameter begegnet werden. Im Einzelfall bedarf es einer gesonderten Analyse und Bewertung.

8 Ausblick

Mit Auslaufen des Genehmigungsfensters Ende Juni 2004 für Altholzkraftwerke der Kategorien A III und A IV sind derzeit nur noch einige wenige Projekte im Bau, die zudem nach der EEG-Novelle vom August 2004 bis Mitte 2006 in Betrieb genommen sein müssen. Für den Fall, dass dieses Fenster durch Bauverzögerungen nicht eingehalten werden kann, wird sich die Vergütung auf 3,9 €Cent/kWh verringern.

Die Beschaffungssituation der Altholzkraftwerke wird zudem durch den Bonus für nachwachsende Rohstoffe (NAWARO-Bonus) zusätzlich erschwert. Bisher wurden vielfach im Brennstoffmix z.B. Biomassen aus Straßenbegleitgrün angenommen. Da diese in Zukunft unter die Bonusfähigkeit fallen wandern derartige Mengen entweder in NAWARO-Anlagen ab oder der Preis wird steigen.

Entlastend wird sich die seit Juni 2005 geltende TA-Siedlungsabfall auswirken, wenn die bis dato noch immer auf Deponien entsorgten Biomassen in den Verwertungsweg eingebracht werden müssen und damit der Brennstofflogistik zur Verfügung stehen.

9 Literatur

[1] Scheurmann, Thrän, 2003 / Öko-Institut & Partner, Stoffstromanalyse zur nachhaltigen energetischen Nutzung von Biomasse, 2004

[2] Bensmann, M.: Alles verfeuert. Neue Energie (2004), Nr. 9, S. 53-61

[3] Eichelbrönner, Matthias: Altholz, Anfall und Bereitstellung, Jahrbuch 2004/2005 Nachwachsende Rohstoffe, C.A.R.M.E.N. e.V.

[4] Bundesverband der Altholzaufbereiter und -verwerter e.V.: Leitfaden der Gebrauchtholzverwertung, 5. Auflage, 2004

Martin Faulstich [Hrsg.]

Fachtagung Verfahren & Werkstoffe für die Energietechnik
Band 1 – Energie aus Biomasse und Abfall

Energie aus Klärschlamm

Dr.-Ing. Peter Quicker, Dr. Mario Mocker, Prof. Dr.-Ing. Martin Faulstich

ATZ Entwicklungszentrum

Sulzbach-Rosenberg

ATZ Entwicklungszentrum, Sulzbach-Rosenberg
Verlag Förster Druck und Service, Sulzbach-Rosenberg

1 Einleitung

Seit dem 1. Juni 2005 ist die Übergangsfrist der TA Siedlungsabfall abgelaufen. Das bedeutet, dass nunmehr die Ablagerung unbehandelter Abfälle – also auch von Klärschlamm – nicht mehr möglich ist. Die weniger als 10% des gesamten deutschen Klärschlammaufkommens von etwa 2,5 Mio. Mg TR (Trockensubstanz)/a, die bisher deponiert wurden, werden somit in alternative Behandlungsverfahren drängen. Bild 1 zeigt die prinzipiellen Behandlungsmöglichkeiten für Klärschlamm.

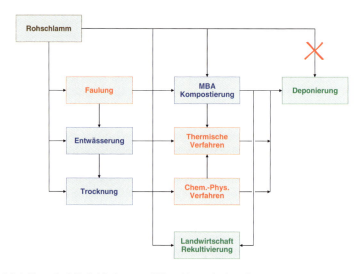

Bild 1: Überblick über die Möglichkeiten zur Klärschlammbehandlung
(rot: Energieerzeugung möglich; blau: Vorbehandlung; grün: "Verbleib")

Aus Gründen des vorsorgenden Boden- und Verbraucherschutzes ist auch die landwirtschaftliche Klärschlammverwertung kritisch zu betrachten. Die sinkende Akzeptanz und die zu erwartende signifikante Absenkung der Grenzwerte für diese Art der Verwertung trägt zur weiteren Veränderung der Entsorgungssituation des Klärschlamms bei [1]. Entsprechend war in den letzten Jahren eine deutliche Zunahme der thermisch behandelten Klärschlammmenge zu verzeichnen (Bild 2 [2]).

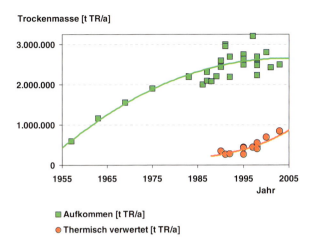

Bild 2: Klärschlammaufkommen und thermisch verwertete Klärschlammmenge in der Bundesrepublik seit 1990, nach [21 - 32]

Unter Berücksichtigung dieser Randbedingungen wird klar, dass künftig eine deutliche Zunahme der Mengen zu verzeichnen sein wird, die mit thermischen, chemisch-physikalischen oder mechanisch-biologischen Verfahren behandelt werden müssen.

Der überwiegende Anteil wird sicherlich in thermischen Mono- und Mitbehandlungsanlagen entsorgt werden, da nur durch diese Verfahren die Erzeugung einer fast vollständig inertisierten Monofraktion möglich ist. Zudem erlauben die thermischen Behandlungsmethoden eine relativ einfache Energienutzung.

Die mechanisch-biologischen und insbesondere die chemisch-physikalischen Verfahren führen meist zu einer Stofftrennung, d.h. nach der Behandlung liegen mehrere Fraktionen vor, von denen zumindest einige nicht direkt, ohne weitere Behandlung abgelagert werden können. Ein Nachteil der mechanisch-biologischen Behandlung (Kompostierung, Vererdung) – abgesehen von der Faulgaserzeugung – ist zudem, dass die im Klärschlamm enthaltene Energie nicht genutzt werden kann.

Zur thermischen Klärschlammbehandlung wird aus Kosten- und Kapazitätsgründen vor allem eine Erweiterung der großtechnischen Mitverbrennungskapazitäten favorisiert [3]. Daneben empfiehlt sich zur Lösung des Problems aber auch die Etablierung von dezentralen Kleinanlagen. Durch die Vermeidung von langen Transportwegen und die Nutzung der bei der thermischen Behandlung frei werdenden Wärme zur energieintensiven Klärschlammtrocknung ergeben sich daraus ökologische und evtl. auch ökonomische Vorteile.

Neben den Aspekten der Entsorgungssicherheit für den Abfall Klärschlamm und dessen energetischer Nutzung steht auch die darin enthaltene Ressource Phosphor im Blickpunkt. Die Vorräte an gering verunreinigten und wirtschaftlich erschließbaren Phosphaterzen werden derzeit mit einer Verfügbarkeitsdauer von 60 bis 130 Jahren angegeben [4]. Da eine direkt Ausbringung des Klärschlamms als Dünger, aufgrund der darin enthaltenen toxischen Schwermetalle, persistenten organischen Verbindungen und endokrinen Stoffe [5-10] nicht erwünscht ist, werden derzeit die Forschungsaktivitäten zur Rückgewinnung des Phosphors intensiviert. Die Rückgewinnung aus den Reststoffen thermischer Behandlungsverfahren macht aber nur Sinn, wenn in diesen ausreichend hohe Phosphatkonzentrationen enthalten sind, also nur bei Monobehandlungsverfahren.

Im Mittelpunkt der folgenden Ausführungen zur energetischen Klärschlammverwertung stehen aufgrund ihrer Bedeutung die thermischen Verfahren.

2 Grundlagen der thermischen Klärschlammverwertung

Klärschlamm besteht, wie andere Brennstoffe auch, aus den Stoffgruppen Wasser, organische Substanz und anorganische Substanz (Asche). Klärschlamm, wie er in der kommunalen Kläranlage anfällt – als unbehandelter Rohschlamm oder als ausgefaulter Schlamm – ist aufgrund der hohen Wassergehalte von über 90% nicht direkt als Brennstoff einsetzbar. Vor der thermischen Behandlung muss zumindest entwässert, teilweise auch getrocknet werden, sinnvollerweise mit Abwärme aus anderen Prozessen.

Der Heizwert von getrocknetem Faulschlamm entspricht mit rund 11.000 kJ/kg etwa dem von Braunkohle oder Hausmüll. Ab etwa 4.000 kJ/kg gilt Klärschlamm als selbstgängig brennbar, das heißt Rohschlamm ab Trockenmassenanteilen (Trockenrückstand, TR) von 35%, Faulschlamm ab 45% [11].

Die thermische Behandlung von Klärschlamm soll unabhängig vom eingesetzten Verfahren die möglichst vollständige Umsetzung der organischen Substanz zu Kohlendioxid und Wasser ermöglichen. Dies führt zu einer Volumen- und Massenreduktion. Grundsätzlich führt die Verbrennung auch zu einer Reduktion der Stoffanzahl, auch der toxischen Stoffe, da die organischen Schadstoffe wie polychlorierte Biphenyle, Dioxine, Furane usw. zerstört werden.

Die thermische Behandlung führt zu einer Stofftrennung, da die anorganische Substanz, die Asche, von der organischen Substanz getrennt wird. Das Verfahren sollte prinzipiell so gestaltet werden, dass die Asche nicht deponiert werden muss, sondern stofflich verwertbar wird. Optionen eröffnen sich beispielsweise durch den Einsatz der Asche in mineralischen Systemen wie Zement, Asphalt, Ziegeln, etc. oder durch das Schmelzen der Asche und die Weiterverarbeitung zu Produkten [12].

Die makroskopisch als Verbrennung bezeichnete thermische Behandlung setzt sich nach der Trocknung aus den Teilschritten Entgasung, Vergasung und der eigentlichen Verbrennung, der Gasoxidation zusammen. Die Entgasung oder auch Pyrolyse oder Verschwelung ist das Zersetzen der höhermolekularen Bestandteile, das Abspalten von Seitengruppen sowie der Abbau von Gerüststrukturen in gasförmige, flüssige und feste Produkte ohne oxidierende Mittel nur durch zugeführte Wärme. Bei der Vergasung hingegen werden die kohlenstoffhaltigen Abfallbestandteile unter Zugabe eines Vergasungsmittels (Luft, Sauerstoff, Wasserdampf oder Kohlendioxid) zu gasförmigem Brennstoff und Asche oder Schlacke umgesetzt. Die Vergasung schließt sich an die Entgasung an, wo durch die Zugabe von reaktivem Gas die verkokten Rückstände in weitere gasförmige Produkte umgewandelt werden. Bei der Vergasung wird der Restkohlenstoffanteil des zuvor entstandenen Pyrolysekokses unter unterstöchiometrischen Bedingungen oxidiert. Als Vergasungsmittel werden Dampf, Kohlendioxid, Luft oder Sauerstoff verwendet. Die eigentliche Verbrennung ist letztlich die Oxidation der bei der Ent- und Vergasung entstandenen Reaktionsgase. Die im Klärschlamm enthaltenen Schadstoffe verteilen sich abhängig vom chemisch-physikalischen Verhalten der Einzelstoffe und von den Verbrennungsbedingungen auf den Asche- oder Abgaspfad. Aus Letzterem müssen Sie durch Reinigungsmaßnahmen entfernt werden.

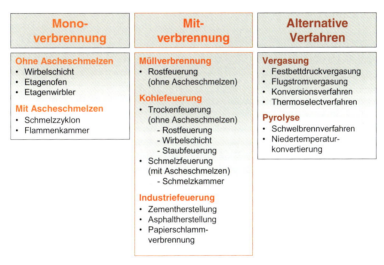

Bild 3: Möglichkeiten zur großtechnischen thermischen Klärschlammverwertung [3]

Bei den Verfahren, die mit Temperaturen über 1.250°C arbeiten, wird der Ascheanteil des Klärschlamms schmelzflüssig, da die Anteile von Silicium- und Aluminiumoxid sowie der Alkali- und Erdalkaliverbindungen bei diesen Temperaturen als so genannte Alumosilicatschmelzen vorliegen [13]. Die Ascheschmelze ist zwar energieaufwendiger, ermöglicht aber auch eine bessere Schadstoffeinbindung und damit verbesserte Verwertungsmöglichkeiten für die festen Rückstände.

3 Großtechnische thermische Verfahren

Als Stand der Technik der thermischen Klärschlammbehandlung sind die großtechnischen Verfahren zur Mono- oder Mitverbrennung anzusehen. Sie werden in großem Umfang und seit langen Jahren erfolgreich praktiziert. Daneben wurden einige wenige Verfahren zur Ent- und Vergasung (groß-)technisch umgesetzt, von denen bisher nur die Vergasung im Sekundärrohstoff-Verwertungszentrum (SVZ) Schwarze Pumpe auf technisch überzeugende Langzeiterfahrungen verweisen kann. Viele innovative Konzepte in diesem Bereich mussten jedoch aufgrund massiver technischer Probleme wieder aufgegeben werden.

Die verschiedenen Möglichkeiten zur großtechnischen thermischen Klärschlammverwertung sind in Bild 3 dargestellt [3].

3.1 Großtechnische Monoverbrennung

In Deutschland sind derzeit 15 kommunale Mono-Klärschlammverbrennungsanlagen in Betrieb [14]. Tabelle 1 gibt einen Überblick über wichtige technische Daten dieser Anlagen.

Tabelle 1: Technische Daten der kommunalen Klärschlammverbrennungsanlagen in Deutschland [14]

Anlage	Durchsatz [Mg TR/a]	Schlamm	Trocknung	TR vor Verbrennung [%]	Feuerung	Energienutzung
Berlin	36.000	RS	-	36	SW	Strom, Wärme
Bitterfeld	15.167	RS, FrS	Scheiben	39	SW	Wärme
Bonn	8.000	FS, FrS, SW	-	26,5	SW	Strom, Wärme
Bottrop	40.000	FS	-	45	SW	Strom, Wärme
Düren	10.000	RS	Scheiben	40	SW	Wärme
Elverlingsen	56.000	FS	-	28 - 32	SW	Dampf
Frankfurt	39.000	RS	integriert	70	EW	Strom, Wärme
Hamburg	42.550	FS	Scheiben	42	SW	Strom, Wärme
Herne	22.181	FS	-	25 - 90	SW	Wärme

Tabelle 1: Technische Daten der kommunalen Klärschlammverbrennungsanlagen in Deutschland [14] – Fortsetzung

Anlage	Durchsatz [Mg TR/a]	Schlamm	Trocknung	TR vor Verbrennung [%]	Feuerung	Energie-nutzung
Karlsruhe	10.000	RS, RG, FF	Scheiben	45	SW	Strom, Wärme
Lünen	110.000	FS, FK, FrS			SW	Strom
München	22.100	FS	Scheiben	46	SW	Strom, Wärme
Neu-Ulm	10.000	RS, RG, FF	Dünn-schicht	40	SW	Wärme
Stuttgart	27.000	RS, FS, RG, FrS	Scheiben	47	SW	Wärme
Wuppertal	32.000	FS	Dünn-schicht	45	SW	Strom, Wärme

FS = Faulschlamm; RS = Rohschlamm; FK = Filterkuchen; SW = Schwimmschlamm;
FF = Fettfanggut;
RG = Rechengut; FrS = Fremdschlamm
SW = stationäre Wirbelschicht; EW = Etagenwirbler

In den Anlagen wird sowohl Roh- als auch Faulschlamm verbrannt. Auch Rechengut, Filterkuchen und Fettfanggut werden eingesetzt. Einige Anlagen nehmen auch Fremdschlamm an. Der Trockensubstanzgehalt des Verbrennungsinputs liegt im Mittel bei 30 – 50%. Als Trocknungsaggregate werden Scheiben- und Dünnschichttrockner eingesetzt. Der Etagenwirbler der Anlage in Frankfurt a.M. verfügt über eine integrierte Trocknungsstufe im Etagenwirbelofen. Außer in Frankfurt verwenden alle Anlagen eine stationäre Wirbelschichtfeuerung zur Inertisierung.

Neben den kommunalen Klärschlammverbrennungsanlagen gibt es 6 betriebseigene Anlagen von chemischen Industrieunternehmen (Tabelle 2).

Tabelle 2: Technische Daten der betriebseigenen Klärschlammverbrennungsanlagen in Deutschland [14]

Anlage	Durchsatz [Mg TR/a]	Schlamm	Trocknung	TR vor Verbrennung [%]	Feuerung	Energie-nutzung
Wacker Burghausen	4.125	RS	Dünn-schicht	40	SW	Dampf
BASF Frankenthal-Mörsch	100.000	RS	-	43	SW	Strom, Wärme
Infraserv Hoechst Frankfurt	52.000	RS	-	35 - 45	SW	Dampf, Wärme
Ciba Grenzach-Whylen	5.110	RS, FS	-	30	SW	Dampf
Bayer Leverkusen	32.250	RS	Integriert	43	EO	Dampf, Wärme
Infracor Marl	10.000	RS	-	25	SW	Dampf

FS = Faulschlamm; RS = Rohschlamm
SW = stationäre Wirbelschicht; EO = Etagenofen

In den industriellen Anlagen wird hauptsächlich Rohschlamm verbrannt. Die Trockensubstanzgehalte, die für die Verbrennung eingestellt werden, entsprechen jenen der kommunalen Anlagen. Auch bei den betriebseigenen Feuerungen dominiert die stationäre Wirbelschicht. Lediglich die Anlage von Bayer in Leverkusen ist mit einem Etagenofen ausgerüstet. Die Energienutzung erfolgt bei den kommunalen Anlagen durch Wärme und meist auch durch die Erzeugung von Strom mittels Dampfturbinen. Bei den industriellen Anlagen dominiert die Dampferzeugung.

Im Folgenden werden nun die Feuerungsprinzipien der zur Verbrennung von Klärschlämmen im Einzelnen vorgestellt. Neben den bereits angesprochenen trockenen Feuerungsverfahren der stationären Wirbelschicht, des Etagenofens und des Etagenwirblers werden auch Verfahren mit schmelzflüssigem Ascheabzug, der Schmelzzyklon und die Flammkammer, betrieben. Diese allerdings nur außerhalb von Deutschland.

3.1.1 Verbrennung in der Wirbelschicht

Die Wirbelschichtfeuerung ist die am weitesten und längsten verbreitete Technik zur Klärschlammverbrennung. Wirbelschichtfeuerungen können stationär, zirkulierend und rotierend sowie atmosphärisch oder druckaufgeladen betrieben werden. Zur Klärschlammbehandlung werden bislang lediglich stationäre Anlagen unter atmosphärischen Bedingungen eingesetzt.

Der Ofen besteht im Wesentlichen aus einem zylindrischen Brennraum und dem Düsenboden, über den im Betrieb die Verbrennungsluft zur Fluidisierung des Sandbettes in den Brennraum gedrückt wird. Der Klärschlamm (Rohschlamm ab 35% TR, Faulschlamm ab 45% TR) wird direkt dem Bett zugeführt. In der Wirbelschicht laufen die Trocknung, die Ent- und Vergasung sowie die eigentliche Oxidation ab. Das dabei gebildete Rauchgas gelangt in eine Nachbrennkammer, die weitgehend vollständige Verbrennung der organischen Bestandteile stattfindet ($T \geq 850°C$, VWZ ≥ 2 s). Die nicht brennbaren Bestandteile des Klärschlamms, die Asche, werden nahezu vollständig über den Rauchgasstrom ausgetragen und in den nachfolgenden Filtern der Rauchgasreinigung abgeschieden [15].

3.1.2 Etagenofen

Der Etagenofen besteht aus einem zylindrischen Stahlmantel, den horizontalen Etagen sowie einer drehbaren Mittelwelle mit angeflanschten Rührarmen. Der zu verbrennende Klärschlamm wird der obersten Etage des Ofens kontinuierlich zugeführt. Das Einsatzmaterial wird von den Rührzähnen erfasst, verteilt und unter ständigem Wenden durch die Etagen des Ofens nach unten zwangsbefördert. Der Schlamm wird durch rückgeführtes Rauchgas getrocknet. In den Verbrennungsetagen erfolgt die eigentliche Oxidation bei Temperaturen von über 850°C. In den untersten Etagen wird die Asche durch entgegenströmende Kühlluft auf etwa 150°C abgekühlt. Die Verweilzeit von 2 Sekunden bei 850°C wird durch eine Nachbrennkammer realisiert [15].

Vor dem Einsatz im Etagenofen müssen die Klärschlämme lediglich mechanisch entwässert werden, die Trocknung findet im Etagenofen integriert statt. Derzeit werden in Deutschland drei Etagenöfen zur Klärschlammbehandlung betrieben.

3.1.3 Etagenwirbler

Der Etagenwirbler ist eine Kombination aus den beiden zuvor beschriebenen Verfahren. Die Trocknung der mechanisch entwässerten Klärschlämme erfolgt in Etagen, die eigentliche Verbrennung des Schlamms in einer darunter positionierten stationären Wirbelschicht. Das Rauchgas wird wie bei einer konventionellen Wirbelschichtfeuerung aus dem Freiraum abgezogen und einer Nachbrennkammer zur Sicherstellung eines hohen Ausbrandes zugeführt. Die Asche wird ebenfalls weitgehend über den Rauchgaspfad ausgetragen und in den Filtern der Abgasreinigung abgeschieden [15]. In Deutschland wird eine Anlage mit Etagenwirbler betrieben.

3.1.4 Schmelzzyklon

Bei diesen Hochtemperaturzyklonen wird das Einsatzmaterial, hier getrockneter Klärschlamm, pneumatisch tangential mit dem Brennstoff (falls erforderlich) sowie dem zur Verbrennung notwendigen Sauerstoff in die wasser- oder luftgekühlten senkrecht oder schräg angeordneten Zyklone an einer oder mehreren Stellen eingeblasen. Die Feuerraumtemperatur beträgt 1.400 bis 1.600°C. Ein erstarrter Schlackenpelz schützt den inneren Zyklonmantel. In einem Unterofen wird die flüssige Schlacke von dem Abgas getrennt. In Nachbrennkammern erfolgt der abschließende Ausbrand der Rauchgase. In Japan wurden zwei Schmelzzyklone zur Klärschlammbehandlung technisch umgesetzt.

3.1.5 Flammenkammer

Die Flammenkammer besteht im Wesentlichen aus zwei konzentrischen Zylindern. In dem vertikal rotierenden Außenmantel ist der hydraulische verfahrbare innere Zylinder mit der wassergekühlten Ofendecke eingehängt. Der getrocknete Klärschlamm wird in den Ringschacht zwischen innerem und äußerem Zylinder aufgegeben und durch die Rotation in Verbindung mit Zuführschaufeln am inneren Zylinder gleichmäßig verteilt [16]. Aufgrund der hohen Temperatur von 1.350 bis 1.400°C schmilzt das Material. Die flüssige Schlacke wird in einem Wasserbad granuliert, die heißen Rauchgase werden in einer Nachbrennkammer zum vollständigen Ausbrand gebracht. In Japan sind mehrere Großanlagen mit dieser Technik in Betrieb.

3.2 Großtechnische Mitverbrennung

Da die vorhandenen Monoverbrennungskapazitäten nicht ausreichen, um die ansteigenden Mengen an Klärschlämmen zu bewältigen, die in die thermische Verwertung drängen, ist in letzter Zeit ein stetiger Anstieg der Mitverbrennungskapazitäten zu beobachten. Während die Mitverbrennung in Müllverbrennungsanlagen und Kohlekraftwerken bereits lange etabliert ist, werden in Deutschland – im Gegensatz zur Schweiz – erst seit sehr kurzer Zeit (Ende 2003) Klärschlämme in Zementwerken, derzeit meist noch im Probebetrieb, thermisch verwertet. Bild 4 gibt einen Überblick über die Mengen, die in den Mono- und Mitverbrennungsverfahren behandelt werden. Für die Zementwerke liegen noch keine belastbaren Daten vor.

Energie aus Klärschlamm

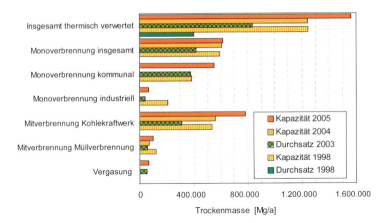

Bild 4: Kapazitäten der thermischen Klärschlammverwertung in Deutschland [17, 21, 22]

3.2.1 Rostfeuerungen für Hausmüll

Rostfeuerungen für Hausmüll sind die naheliegendste Möglichkeit der Mitverbrennung von Klärschlamm. Üblich sind Vor- und Rückschubroste aber auch Walzenroste. Mehrere Möglichkeiten der Klärschlammzugabe sind verbreitet. Zum einen kann der mechanisch entwässerte Klärschlamm durch eine Aufstreumaschine in den Bunker gestreut werden. Der Klärschlamm wird dann zusammen mit dem Hausmüll gemischt und durch den Greifer aus dem Müllbunker in den Einfüllschacht der Rostfeuerung eingebracht. Statt in den Bunker einzustreuen kann der zerkleinerte Filterkuchen auch direkt in den Einfüllschacht eingemischt werden. Der Klärschlamm kann jedoch auch im getrockneten Zustand über einen Roststaubbrenner direkt in den Feuerraum eingebracht werden [19]. Dazu muss der Schlamm aber zuvor auf 90% TR getrocknet und gemahlen werden.

Vor allem bei der Einblasetechnik erhöht sich die Staubmenge und dadurch die Erosion im Kesselbereich. Bei der Zugabe im Bunker oder Einfüllschacht ist mit einem höheren Rostdurchfall und damit einem schlechteren Ausbrand zu rechnen. Die Schwermetallbelastungen im Klärschlamm und Hausmüll und damit auch in den Produkten sind etwa vergleichbar. Eine Zugabe von bis zu 30% entwässerten Schlamms ist realisierbar. Der Anteil liegt jedoch bei allen Anlagen unter 10%. Die Klärschlammmitverbrennung in Rostfeuerungen für Hausmüll ist für 11 Anlagen in Deutschland genehmigt, wird derzeit aber nur in 8 Anlagen praktiziert ([11,18,14] Tabelle 3). Die Müllheizkraftwerke in Ingolstadt, Mannheim und Pirmasens machen derzeit von der Genehmigung keinen Gebrauch.

Tabelle 3: Technische Daten der Hausmüllverbrennungsanlagen in Deutschland, die Klärschlamm mitverbrennen [14]

Anlage	Durchsatz [Mg TR/a]		Anteil KS am Input [%]	Schlamm	TR vor Verbrennung [%]	KS-Zugabe	Energienutzung
	Müll	Schlamm					
Bamberg	120.000	3.600	3	FS	30	MMB	Strom, Wärme
Bielefeld	330.000	3.000	1	FS	60	MMB	Strom, Wärme
Burgau	25.000	920	max. 10	FS	40	MMB	Strom, Wärme
Coburg	115.000	770	< 1	FS	22	MMB	Strom, Wärme
Kamp-Lintfort	234.000	12.000	5	RS	25	ZAS	Strom, Wärme
Krefeld	310.000	12.000	4	FS	30	PEB	Strom, Wärme, Dampf
München	640.000	11.000	2	FS	22	ZAS, EBF	Strom, Wärme
Würzburg	93.000	5.500	6	FS, RS	40	EBF	Strom, Wärme

RS = Rohschlamm; FS = Faulschlamm
MMB = Mischung im Müllbunker; ZAS = Zugabe in Aufgabeschacht; PEB = pneumatische Einblasung; EBF = Einblasen in den Feuerraum

3.2.2 Kohlefeuerungen

Eine naheliegende Mitverbrennungsmöglichkeit für Klärschlamm sind die Kohlefeuerungen. Hier sind zunächst Trocken- und Schmelzfeuerungen zu unterscheiden. In der Bundesrepublik sind derzeit rund 380 fossil befeuerte Kraftwerke (Standorte) in Betrieb. 25 davon verbrennen Klärschlamm. Tabelle 4 zeigt wichtige technische Daten dieser Kraftwerke.

Trockenfeuerung

Trockenfeuerungen sind alle diejenigen, bei denen der Ascheschmelzpunkt nicht überschritten wird. Das können Staub-, Rost- oder Wirbelschichtfeuerungen für Braun- oder Steinkohle sein [20].

Da Rohbraunkohle mit einem Wassergehalt von 55 bis 60% gewonnen wird, ist für eine Mitverbrennung kein getrockneter Klärschlamm erforderlich. Der maschinell entwässerte Klärschlamm kann gemeinsam mit der Rohbraunkohle gemahlen und auf 20% Restfeuchte getrocknet werden. Die Mahltrocknungsleistung der Mühlen und nicht die Feuerung begrenzen den Einsatz auf etwa 2 bis 3% (100% TR) des Brennstoffinputs [11,18].

Schmelzfeuerung

Schmelzkammerfeuerungen sind solche, bei denen Steinkohlekraftwerke mit Zyklonkammerfeuerungen bei Temperaturen von über 1.500°C betrieben werden, so dass der Ascheabzug schmelzflüssig erfolgt. Der mitzuverbrennende Klärschlamm muss auf über 90% TR getrocknet werden. In der Regel muss der getrocknete Klärschlamm gemeinsam mit der Kohle aufgemahlen werden, Versuche im Lausward haben aber gezeigt, dass in manchen Kraftwerken auch die unmittelbare Eindüsung des Klärschlamms mit 4 mm Korngröße ohne vorherige Aufmahlung möglich ist [33].

Tabelle 4: Technische Daten der kommunalen Klärschlammverbrennungsanlagen in Deutschland [14]

Anlage	Durchsatz		Kohleart	TR Schlamm [%]	Feuerung	Einbringung Schlamm in die Feuerung
	Kohle [Mg/h]	Schlamm [Mg TR/a]				
Berrenrath / Köln	30	65.000	BK	22 - 33	ZWS	zirkulierende Wirbelschicht
Boxberg III		42.000	BK	30	SF	Kohlefallschacht
Bremen Farge	100	18.000	SK	> 90	SF	Kohlefallschacht
Deuben	102	25.000	BK	20 - 37	SF	vor Kohlemühle
Duisburg HKW I	30	5.400	SK	25 - 35	ZWS	zirkulierende Wirbelschicht
Ensdorf Saarbrücken	200	24.000	BaK	25 - 45	SF	Mühle
Hamm / Westfalen	100	9.000	SK	25 - 95	SF	Mühle, Kohleband
Heilbronn	240	40.000	SK	80 - 95	SF	Kohlefallschacht
Helmstedt / Buschhaus	300	50.000	BK	25 - 95	SF	Mühle, Kohleband
Herne	110	25.000	BaK	> 69	SF	Kohlefallschacht
Kassel	50	13.500	BK, BaK	> 90	ZWS	Einblasung in Wirbelschicht
Lippendorf		93.000	BK	25 - 35	SF	Kohlefallschacht

Tabelle 4: Technische Daten der kommunalen Klärschlammverbrennungsanlagen in Deutschland [14] Fortsetzung

Anlage	Durchsatz Kohle [Mg/h]	Kohleart Schlamm [Mg TR/a]	TR Schlamm [%]	Feuerung	Einbringung Schlamm in die	Anlage
Lünen	160	25.000	BaK	> 69	SF	direkt in Feuerung
Mehrum / Hannover	240	11.000	SK	25 - 35	SF	Kohlefallschacht
Minden / Weser	113	13.500	SK	25 - 35	SF	mit Dampflanzen in Feuerung
Mumsdorf	128	28.000	BK	20 - 37	SF	vor Mühle
Oberkirch / Köhler	10	5.000	SK	18 - 32	ZWS	Ascherücklauf
Senftenberg	7,2	1.300	gBK	25 - 35	SF & Rost	mit Altholz auf Rost
Staudinger / Hanau	120	18.000	SK	25 - 35	SF	Kohlefallschacht
Völklingen-Fenne	93	4.200	BaK	25 - 35	SF	vor Mühle
Wachtberg / Köln	50	85.000	BK	22 - 33	ZWS	zirkulierende Wirbelschicht
Weiher / Quierschied	250	9.000	SK	90 - 95	SF	Mühle
Weisweiler / Aachen	200	35.000	BK	22 - 33	SF	Kohlefallschacht
Wilhelmshaven	250	12.500	SK	25	SF	Kohlefallschacht
Zolling / München	136	9.600	SK	25 – 35	SF	Kohlefallschacht

SF = Staubfeuerung; ZWS = zirkulierende Wirbelschicht
BK = Braunkohle; SK = Steinkohle; gBK = getrockneter Braunkohlestaub;
BaK = Ballastkohle = Steinkohle mit hohem Ascheanteil (ca. 25%)

3.2.3 Industriefeuerungen

Zementherstellung

Trockenklärschlamm kann in der Haupt- oder der Zweitfeuerung (Zyklonvorwärmung) von Anlagen zur Zementherstellung genutzt werden. Dazu muss dieser vorher gemahlen und dann gemeinsam mit der Kohle pneumatisch eingeblasen werden. Die bei der Verbrennung entstehende Asche wird in das Zementgefüge eingebunden. Aus Gründen der Zementqualität wird die maximal verbrennbare Menge hierdurch auf rund 5,0% TR (bezogen auf die Klinkerproduktion) begrenzt. Im Jahr 2000 wurden auf diese Weise 44.000 t Trockenklärschlamm in der Schweiz verwertet [35].

Die thermische Verwertung von Klärschlämmen in Zementwerken steht in der Bundesrepublik derzeit noch am Anfang. Ende 2003 wurden im Zementwerk Lägerdorf der Firma Holcim Versuche mit einer Klärschlammzugabe von bis zu 15% der Feuerungswärmeleistung durchgeführt [34]. Es wurden keine negativen Auswirkungen auf den Ofenprozess, die Emissionen und die Produktqualität festgestellt. Lediglich bei den Quecksilberemissionen wurde eine Verdopplung der Emissionen auf Werte im Bereich des Grenzwertes der 17. BImSchV festgestellt. Auf Basis dieses Versuches soll ein Genehmigungsverfahren für den dauerhaften Einsatz von Klärschlamm in der Anlage durchgeführt werden. Ziel ist die Schaffung einer zentralen Entsorgungsalternative für den Klärschlamm in Schleswig-Holstein [34]. Inzwischen haben bereits weitere Firmen Versuche durchgeführt und Genehmigungen für die Mitverbrennung von Klärschlämmen beantragt. Aufgrund der Marktsituation ist in naher Zukunft ein massiver Anstieg der auf diese Weise behandelten Klärschlammmengen zu erwarten.

Asphaltherstellung

Der Primärbrennstoff für die Brenner der Trockentrommeln (Öl oder Gas) der eingesetzten Mineralstoffe kann durch getrockneten und gemahlenen Klärschlamm ersetzt werden. Zur Beheizung sind Zweistoffbrenner erforderlich, in denen feste Brennstoffe wie Klärschlammpulver und flüssige Brennstoffe wie Heizöl eingesetzt werden können. Derzeit wird dieses Verfahren jedoch nicht praktiziert.

Papierschlammverbrennung

Die in der Papierindustrie anfallenden zellulosehaltigen Reststoffe werden von einigen Fabriken in Etagenöfen oder Wirbelschichtfeuerungen thermisch verwertet. Es gibt bereits Beispiele einer simultanen Verwertung von Klärschlämmen in derartigen Anlagen. Der eingesetzte Klärschlamm wird gemeinsam mit den Papierreststoffen mechanisch auf 40% TR entwässert und mit einem Anteil von etwa 30% der Feuerung zugegeben [25].

3.3 Alternative Verfahren

Als Alternative zur klassischen Müllverbrennung sind die Pyrolyse und die Vergasung bzw. Verfahrenskombinationen aus diesen Prozessen zu nennen. Bei den mehrstufigen kombinierten Verfahren werden Ent- und Vergasung bzw. Verbrennung in getrennten Aggregaten umgesetzt.

3.3.1 Vergasungsverfahren

Die Erfahrungen mit technischen Vergasungsanlagen in Deutschland basieren auf den Entwicklungen des SVZ Schwarze Pumpe in der Niederlausitz. An diesem Standort hat die Vergasungstechnologie eine lange Tradition. Seit den 1960er Jahren erfolgte von dort die flächendeckende Versorgung der DDR mit Stadtgas aus heimischer Kohle, die durch Vergasung in ein CO- und wasserstoffreiches Gas überführt wurde.

Seit 1994 ist die Anlage wieder in Betrieb. Als Brennstoffe dienen verschiedene Abfälle, unter anderem auch Klärschlamm. Es werden zwischen 27.000 und 53.000 Mg TR/a an Klärschlämmen behandelt [14].

Festbettdruckvergasung

Bei Betriebsdrücken von 25 bar mit Sauerstoff und Wasserstoff als Vergasungsmittel betreibt das SVZ 6 Reaktoren zur Festbettdruckvergasung mit 8 bis 15 Mg/h Durchsatz. Der Vergasungsstoff wird als festes oder stückiges Material in einer Körnung bis 100 mm von oben in den Reaktor eingebracht, in welchem bei Temperaturen von 800 bis 1.300°C vergast wird. Dabei bildet sich eine gesinterte Schlacke und ein Rohgas, das energetisch (GuD-Kraftwerk) oder stofflich (Methanol) verwertet werden kann. Entwässerte Klärschlämme wären im Prozess prinzipiell einsetzbar, bereiten jedoch Schwierigkeiten beim Transport zum Reaktor. Besser handhabbar sind getrocknete, brikettierte Klärschlämme. Der Klärschlamm wird derzeit mit einem Trockensubstanzgehalt von 88% eingebracht [14].

Flugstromvergasung

Bei der Flugstromvergasung wird der Klärschlamm mit technischem Sauerstoff in einem zylindrischen Reaktionsraum mit wassergekühlter Wand zu einem Rohsynthesegas umgesetzt. Die Vergasung findet bei 25 bar, 1.400 bis 1.700°C und unterstöchiometrischer Fahrweise statt. Die flüssigen mineralischen Bestandteile werden im Wasserbad granuliert. Das Synthesegas wird energetisch (Strom und Fernwärme) oder stofflich (Methanol) genutzt [36].

Konversionsverfahren

Beim Konversionsverfahren, in der Variante zur Restmüllbehandlung, wird vor der Flugstromvergasung eine Pyrolyse im Drehrohr, bei 650 bis 750°C unter Luftabschluss, durchgeführt. Der dabei entstehende zwischenbehandelte Pyrolysekoks und die bei der Pyrolysegasquenchung gebildeten flüssigen und gasförmigen Produkte werden getrennt dem Flugstromvergasungsreaktor zugeführt. Klärschlamm kann im getrockneten Zustand direkt in den Vergaser eingebracht werden (bis zu 100%) [37].

Thermoselect

Das Thermoselectverfahren zur Behandlung von Restmüll macht vor der Vergasung einen Pyrolyseschritt erforderlich. Der komprimierte Restabfall wird in einem beheizten Kanal entgast und anschließend im Hochtemperaturreaktor (Vergaser) gemeinsam mit dem gebildeten Pyrolysegas bei Temperaturen bis 2.000°C behandelt. Dabei entsteht eine schmelzflüssige Schlacke und ein Synthesegas, das gereinigt und in Gasmotoren energetisch genutzt wird [38]. Laut

Herstellerangaben sollen bis zu 50% entwässerter Klärschlamm zusammen mit Restmüll behandelt werden können. Nach den Problemen in Ansbach (Bauruine) und Karlsruhe (Kündigung des Entsorgungsvertrages) scheint diese Technik in Deutschland jedoch keine Zukunft mehr zu haben.

3.3.2 Pyrolyseverfahren

Schwelbrennverfahren

Der zerkleinerte Abfall wird in einer drehenden, beheizten Pyrolysetrommel bei etwa 450°C entgast. Der dabei gebildete, von Schwerstoffen befreite kohlenstoffhaltige Staub wird gemeinsam mit dem Pyrolysegas bei etwa 1.300°C in einem Hochtemperaturverbrennungsreaktor mit flüssigem Ascheabzug verbrannt [39]. Der Einsatz von bis zu 20% entwässertem Klärschlamm ist möglich. Auch das Schwelbrennverfahren ist in Deutschland gescheitert. Die erste Großanlage in Fürth konnte die hochgesteckten Erwartungen nicht erfüllen. Technische Probleme führten dazu, dass sich der Auftraggeber aus den Verträgen zurückzog und die Anlage rückgebaut werden musste.

Niedertemperaturkonvertierung

Vor der Konvertierung werden die Schlämme kontinuierlich im Vakuumbetrieb auf 95% TR getrocknet. Die entstehenden Brüden werden kondensiert und in eine Wasser- sowie eine Ölphase getrennt [40]. Die Behandlung im beheizten Konverter erfolgt unter Sauerstoffabschluss bei Temperaturen von 280 bis 400°C. Die gebildeten Schwelgase werden in einem Einspritzkondensator kondensiert und in Konversionsöl sowie Schwelwasser getrennt. Als Nebenprodukte entstehen Zentrifugenschlamm und ein Restgas. Der ebenfalls gebildete Konversionskoks kann verbrannt oder in metallurgischen Prozessen genutzt werden.

4 Dezentrale energetische Klärschlammverwertung

Der Bau und der Betrieb von dezentralen Kleinanlagen war aus Gründen der Wirtschaftlichkeit lange Zeit ein Problem. Es existieren inzwischen jedoch einige Anlagen mit Verbrennungskapazitäten ab etwa 1.000 Mg TR/a, die zumindest teilweise einen wirtschaftlichen Betrieb nachweisen konnten. Auch einige dezentrale Vergasungs- und Pyrolysetechnologien zur energetischen Klärschlammverwertung befinden sich in der Entwicklung oder der Markteinführung.

4.1 Verbrennungsverfahren

4.1.1 Verbrennungsverfahren ohne Stromerzeugung

Einrichtungen zur Stromerzeugung erhöhen die Kosten von Verbrennungsanlagen zum Teil erheblich. Gerade bei Kleinanlagen zur Abfallentsorgung können nur geringe Erlöse durch die Stromerzeugung erwirtschaftet werden, da sowohl elektrische Leistung als auch Wirkungsgrad sehr niedrig sind. Daher verfügen die wenigen, derzeit in Betrieb befindlichen dezentralen Klärschlammverbrennungsanlagen über keine Vorrichtungen zur Stromerzeugung.

Sande

Im friesischen Sande ist seit 1997 eine Verbrennungsanlage für 2.250 Mg TR/a Klärschlamm in Betrieb [14]. Der entwässerte Klärschlamm wird mit einem Fließbetttrockner auf 85% TR getrocknet und in einer Zykloidbrennkammer verbrannt. Die Wärme wird über einen Abhitzekessel genutzt. Die Reinigung der Rauchgase erfolgt über Gewebe- und Herdofenkoksfilter.

Obrigheim - EcoDry

Ebenfalls ein Zyklonofen für die dezentrale Verbrennung von Rohschlamm wurde 1998 in Obrigheim vom Abwasser-Zweckverband Elz-Neckar in Betrieb genommen. Die Anlage wurde für eine Kapazität von 1.500 t TR/a konzipiert. Wegen verschiedener technischer Probleme konnte kein Dauerbetrieb realisiert werden. Die Schlammtrocknung erfolgt bei diesem Verfahren bei etwa 95°C in einer Wirbelschicht. Hierbei wird ein Granulat als Produkt erzeugt, von dem ein Teilstrom in den Trockner zurückgeführt wird. Dieses Trocknungskonzept wurde von den Betreibern als sehr störanfällig beschrieben. Die Verbrennung des Granulats erfolgt in einer Zyklonfeuerung mit ca. 600 kg/h Wasserverdampfungsleistung. Auch beim Betrieb dieses Aggregats traten bereits verschiedentlich Probleme auf. Die Rauchgasreinigung besteht aus einem Gewebefilter und einer anschließenden Nasswäsche. Seit 2002 ist die Anlage bis auf Weiteres stillgelegt. Mittlerweile wird für dieses Anlagenkonzept (Andritz „EcoDry") ein Mindestdurchsatz von etwa 4.000 Mg TR/a angegeben [41]. In Eferding (Österreich) befindet sich eine entsprechende Anlage in Betrieb.

Bad Vöslau - Kalogeo

In der gleichen Größenordnung liegt der Durchsatz der sog. Kalogeo-Anlage in Bad Vöslau (Österreich). Der Verbrennungsvorgang erfolgt dort in einem Wirbelschichtofen [41]. Der Klärschlamm wird vor der Verbrennung mittels Solartrocknung auf einen Trockensubstanzgehalt von etwa 60% eingestellt. Die bei der Verbrennung frei werdende Wärme unterstützt im Winter die Solartrocknung, im Sommer wird in ein Fernwärmenetz eingespeist. Die Abgase werden in einem Trockensorptionsverfahren, durch Kalkhydrat als Adsorbens, von sauren Schadkomponenten befreit. Anschließend erfolgt durch Eindüsen von Wasser eine schnelle Quenche des Gases von 380 auf 180°C, um die Bildung von Dioxinen und Furanen zu unterbinden. Dem gekühlten Gas wird Aktivkohle zugegeben, um die Adsorption von Quecksilber zu ermöglichen. Letzter Schritt der Abgasreinigung ist ein Keramikfilter, der die Partikel aus dem Gas entfernt.

Bronderslev

Im Klärwerk der dänischen Stadt Bronderslev wurde eine Verbrennungsanlage errichtet, die über eine Kapazität von 1.200 Mg TR/a verfügt. Das relativ einfache Anlagenkonzept mit Rostfeuerung und Wärmeauskopplung zur Schlammtrocknung über einen Thermalölkreislauf wurde inzwischen auch in Schweden mehrfach realisiert [12]. Die Trocknung des vorentwässerten Schlammes erfolgt indirekt über ein Bandfördersystem. Die notwendige Trocknungsluft wird über den Thermalölkreislauf mit Hilfe der Rauchgaswärme erhitzt und im Kreislauf gefahren.

Die aufgenommene Feuchte wird an einem Kondensator niedergeschlagen. Der Schlamm wird auf 90% TR getrocknet.

4.1.2 Verfahren mit Stromerzeugung

ATZ-Verfahren

Am ATZ Entwicklungszentrum in Sulzbach-Rosenberg befindet sich derzeit ein neues Verfahren zur energetischen Klärschlammverwertung in der Entwicklung, das die Stromerzeugung mittels Heißluftturbine bei hohen Wirkungsgraden ab einer Leistungsklasse von 100 kW_{el} erlaubt. Kernstück des Verfahrens ist der Einsatz der patentierten Pebble-Heater-Technologie in Kombination mit einer Mikrogasturbine, die die Gewinnung von elektrischer Energie aus der Wärme heißer Rauchgase ohne Installation eines Wasser-Dampf-Kreislaufs ermöglicht. Bild 4 zeigt das Funktionsprinzip des ATZ-Verfahrens.

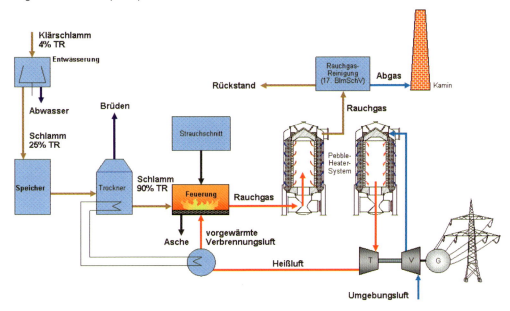

Bild 4: Konzept ATZ-Klärschlammverbrennungsverfahren

Die Wärme der bei der Verbrennung erzeugten heißen Rauchgase wird über radial durchströmte regenerative Wärmetauscher (so genannte Pebble-Heater) an komprimierte Umgebungsluft transferiert, die anschließend über eine modifizierte Mikrogasturbine unter Erzeugung von elektrischer Energie entspannt wird. Durch die hohen Wärmerückgewinnungsgrade von bis zu 98% im Pebble-Heater werden unter bestimmten Bedingungen elektrische Wirkungsgrade um 30% bei kleinen Baugrößen unterhalb von 1 MW_{el} ermöglicht. Das gemeinsam mit der Hans Huber AG erarbeitete Verfahrenskonzept soll anhand einer Pilotanlage soweit optimiert werden, dass der Bau und die kommerzielle Verwertung von standardisierten Anlagen in Systembauweise möglich wird. Die Anlage ist derzeit auf einen jährlichen Schlammanfall von ca. 1.000 bis 2.200 Mg TR ausgelegt.

4.2 Alternative dezentrale Verfahren

Neben den genannten Verbrennungsverfahren wurden in jüngster Zeit verschiedene alternative Konzepte zur dezentralen thermischen Verwertung von Klärschlamm und Abfällen entwickelt, die zum Teil bereits in die Praxis umgesetzt wurden. Diese Vergasungs- bzw. Pyrolysetechnologien könnten durch die Verwertung der erzeugten Brenngase in Blockheizkraftwerken Wirkungsgradvorteile gegenüber den Verbrennungsverfahren bei der Erzeugung elektrischer Energie mittels Dampfprozess bieten.

Vergasung – Kopf AG

Eine Vergasungsanlage im Pilotmaßstab wurde im Oktober 2002 auf dem Gelände der Kläranlage Balingen errichtet. Die Anlage wurde für die Vergasung von 1.100 t/a Klärschlamm (85% TR) ausgelegt und befindet sich nach Nachrüstungsarbeiten derzeit im Probebetrieb [13]. In einem Wirbelschichtvergaser findet bei 900 – 1.100°C und hohen Verweilzeiten die Vergasung statt. Hierbei sollen die anwesenden Teere möglichst vollständig gespalten werden. Der Vergaser wird über ein Gebläse mit Frischluft (Primär- und Sekundärluft) versorgt, die über einen Rekuperator gegen das Rohgas auf 350°C vorgewärmt wird. Das gebildete Produktgas wird im Gleichstrom durch Eindüsung von Wasser und durch Wärmeabgabe an den vorgetrockneten, frischen Klärschlamm in der Rohgasquenche abgekühlt. Neben der Wärmeabgabe an den Klärschlamm sollen hier auch organische Bestandteile, vor allem Teere, im Klärschlamm gebunden und mit diesem in den Wirbelschichtvergaser zurückbefördert werden. Das Gas wird anschließend über einen Staubfilter geleitet und in einem Kühler/ Kondensator von Wasser befreit. Das kondensierte Wasser wird wieder in die Quenche zurückgeführt. Das Gas soll in einem ebenfalls neu entwickelten Schwachgasmotor verbrannt werden. Inzwischen befindet sich eine weitere derartige Vergasungsanlage in Planung, die auf dem Gelände der Kläranlage in Schweinfurt errichtet werden soll.

Thermokatalyse – Füssen

In einer Pilotanlage wurde an der Kläranlage Füssen die thermokatalytische Umwandlung von Klärschlamm zu Konvertierungsöl und Konvertierungskohle untersucht [44]. Dieses, an die Niedertemperaturkonvertierung angelehnte Verfahren arbeitet bei Temperaturen zwischen 320 und 400°C.

Pyrolyse – Pyromex

Bei diesem Verfahren handelt es sich um ein Hochtemperatur-Entgasungsverfahren, das bereits in Düsseldorf und Neustadt a.d. Weinstraße umgesetzt wurde. Vor der Entgasung wird der Schlamm unter Verwendung des erzeugten Pyrolysegases bei 280 – 300°C auf 80% TR vorgetrocknet. Die dabei entstehenden Brüden werden mittels Biofilter und zweier Nasswäscher gereinigt, um Geruchsemissionen zu minimieren. Der Entgasungsprozess findet in einem mit Strom beheizten Induktionsofen, bei 1.200 – 1.700°C unter Sauerstoffabschluss statt. Dabei wird die Organik quantitativ in CO- und wasserstoffreiches Gas überführt. Es verbleibt ein vorwiegend mineralischer Rückstand. Die Abgasreinigung erfolgt in einem sauren und einem alkalischen Wäscher, deren Waschwässer durch Neutralisation und Fällung der Schwermetalle regeneriert werden [41].

Pyrolyse – HD-PAWA-THERM

Ein weiteres Pyrolyseverfahren wurde unter der Bezeichnung HD-PAWA-THERM® (wirtschaftlich ab einem Durchsatz von etwa 1.500 Mg TR/a) bekannt gemacht [41]. Die Pyrolyse erfolgt in einem Drehrohr bei 700°C. Der Schlamm wird vorher mit einem Luft-Wasserdampfgemisch getrocknet. Neben dem Pyrolysegas entstehen Öl, Pyrolysewasser und ein fester Rückstand. Die Ölphase wird entsorgt. Die Gasreinigung erfolgt mittels Wäscher und Adsorber. Anschließend wird das Gas in einem BHKW verstromt.

5 Literatur

[1] BMVEL, BMU: Gute Qualität und sichere Erträge – Wie sichern wir die langfristige Nutzbarkeit unserer landwirtschaftlichen Böden, Berlin, 2002

[2] Quicker, P., Faulstich, M.: Ersatzbrennstoffmarkt – Mengen und Kapazitäten, in: Sächsisches Informations- und Demonstrationszentrum Abfalltechnologien Freiberg (Hrsg.): Tagungsband zu den 5. Sächsischen Abfalltagen, Freiberg, 15.-16.03.2005

[3] Quicker, P., Faulstich, M.: Perspektiven der Klärschlammverbrennung – Mono- oder Co-Verbrennung, in: Wiemer, K., Kern, M. (Hrsg.), Bio- und Restabfallbehandlung VIII, biologisch – mechanisch – thermisch, Tagungsband 16. Kasseler Abfallforum, Kassel, 20.–21.04.2004, Witzenhausen 2004, S. 422-442

[4] Cornel, P.: Rückgewinnung von Phosphor aus Klärschlamm und Klärschlammaschen, Nachrichten aus dem Institut für Technische Chemie – Geo- und Wassertechnologie 2002 (1) Nr. 3, S. 102-114

[5] Suntheim, L.: Zur Phosphorverfügbarkeit von Klärschlamm, Vortrag zur Tagung „Verantwortungsbewusste Klärschlammverwertung", Berlin, 20/21. 02. 2001, Tagungsband S. 329-341

[6] Hahn, H. H.: Das Für und Wider der landwirtschaftlichen Klärschlammnutzung, Vortrag zur Tagung „Verantwortungsbewusste Klärschlammverwertung", Berlin, 20/21.02.2001, Tagungsband S. 203-218

[7] Thomé-Kozmiensky, K.-J.: Klärschlamm darf nicht auf den Boden & Verantwortungsbewusster Umgang mit dem Boden, Vorwort und Vortrag zur Tagung „Verantwortungsbewusste Klärschlammverwertung", Berlin, 20.-21.02.2001, Tagungsband , S. 3–201

[8] Wilke, B.-M.: Beeinträchtigt die landwirtschaftliche Klärschlammverwertung den Boden?, Vortrag zur Tagung „Verantwortungsbewusste Klärschlammverwertung", Berlin, 20.-21.02.2001, Tagungsband S.219-223

[9] Hahn, J.: Ausstieg aus der landwirtschaftlichen Klärschlammverwertung - eine notwendige Harmonisierung im vorsorgenden Umweltschutz, Bodenschutz (2000) 3, S. 72-73

[10] Gehring, M.: Bedeutung endokriner und organischer Schadstoffe im Klärschlamm, VDI-Seminar „Klärschlamm/Tiermehl/Altholz/Biogene Abfälle", München, 12.-13.02.2004

[11] Urban, A.I., Friedel, M.: Anforderungen an die Trocknung hinsichtlich einer thermischen Verwertung, in: Urban, A.I.; Wolf, P. (Hrsg.): Thermische Klärschlammbehandlung – Planung, Technologie und Erfahrungen. Schriftenreihe der Fachgebiete Siedlungswasserwirtschaft und Abfalltechnik der Universität Gesamthochschule Kassel, Kassel 1994, S. 284-318

[12] Faulstich, M.: Thermische Behandlungsverfahren, in: Wilderer, P.A.; Faulstich, M.; Rothemund, C.; Angerhöfer, R. (Hrsg.): Perspektiven der Klärschlammentsorgung. Berichte aus Wassergüte- und Abfallwirtschaft Nr. 126, TU München, S. 51-81

[13] Faulstich, M.: Grundlagen der Inertisierung, in: Thomé-Kozmiensky, K. J. (Hrsg.): Müllverbrennung und Umwelt 3. EF-Verlag für Energie- und Umwelttechnik, Berlin, S. 893-903

[14] Hermann, T., Goldau, K.: Daten zur Anlagentechnik und zu den Standorten der thermischen Klärschlammentsorgung in der Bundesrepublik Deutschland, Umweltbundesamt, 2004

[15] Albrecht, J., Schaub, G., Schmitt, G., Winkler, G: Verbrennung von Klärschlamm im Wirbelschichtofen, Etagenofen und Etagenwirbler, in: VDI-Bildungswerk (Hrsg.): Klärschlammentsorgung II. Handbuch zum Seminar BW 43-36-13, Bamberg, 20.-21. März 1995

[16] Rizzon, J.: Betriebserfahrungen mit der ML-KMSF-Klärschlamm-Einschmelztechnik, in: VDI-Bildungswerk (Hrsg.): Klärschlammentsorgung II. Handbuch zum Seminar BW 43-36-13, Bamberg, 20./21. März 1995

[17] Steier, K.: Ist die thermische Entsorgung aller Klärschlämme in der BRD kurzfristig gewährleistet?, in: Dohmann, M. (Hrsg.): Gewässerschutz – Wasser – Abwasser 190, Handbuch zur 36. Essener Tagung für Wasser- und Abfallwirtschaft, Aachen, 26. – 28. März 2003 S. 67/1-67/12

[18] Bierberg, A.: Möglichkeiten und Perspektiven der thermischen Klärschlammbehandlung, Diplomarbeit am Institut für Thermische Verfahrenstechnik der Technischen Universität Clausthal, Clausthal-Zellerfeld 1994

[19] Kerber, G.: Klärschlammverbrennung nach Trocknung und Mahlung als Staubeintrag im Feuerraum, in: Reimann, D. O. (Hrsg.): Klärschlammentsorgung, Beiheft 28 zu Müll und Abfall, Erich Schmidt Verlag, Berlin 1989, S. 106-110

[20] Schulteß, W.: Mitverbrennung von Klärschlämmen in Kohleverbrennungsanlagen, Studie im Auftrag der Raab Karcher Kohle GmbH, Essen 1994

[21] Hanßen, H.: Thermische Klärschlammbehandlung in Deutschland – Stand und Ausbaupotenziale, in: Hans Huber AG (Hrsg.): Handbuch zur 1. Fachtagung „Klärschlamm", Berching, 9. September 2003, S. 45-67

[22] Ermel, G.: Tendenzen der Klärschlammverbrennung, in: Lützner, K. (Hrsg.): Aktuelle Probleme der Abwasserbehandlung. Dresdner Berichte Band 17 (2001), S. 127-148

[23] Statistisches Bundesamt (Hrsg.): Statistik der öffentlichen Wasserversorgung und Abwasserreinigung, Wiesbaden, 1998

[24] Esch, B., Loll, U.: Aktuelle Klärschlammmengen und -qualitäten sowie Entsorgungswege in Deutschland, KA – Wasserwirtschaft, Abwasser, Abfall, 2001 (48) Nr. 11, S. 1594-1601

[25] Werther, J.: Verfahrensalternativen zur Mono-Klärschlammverbrennung in Deutschland, Arbeitsbericht der ATV-DVWK-Arbeitsgruppe AK 3.2, KA – Wasserwirtschaft, Abwasser, Abfall, 2001 (48) Nr. 6, S. 853-857

[26] Beurer, P., Geering, F.: Klärschlamm – wohin?, Wasser – Abwasser GWF, 143 (2002) Nr.1, S. 54-62

[27] Johnke, B., Kessler, H., Bannick, C.G.: Wege zu einer nachhaltigen Klärschlammentsorgung, in: Handbuch zum VDI-Seminar 433625 Klärschlamm / Tiermehl/Altholz/Biogene Reststoffe, München, 12.–13. Februar 2004

[28] Lindner, K.-H.: Neue rechtliche und technische Regelungen zur Entsorgung kommunaler Klärschlämme, VDI-Seminar "Klärschlammentsorgung -Techniken und Konzepte", Düsseldorf 22./23. Juni 1995

[29] Abwassertechnische Vereinigung (Hrsg.): ATV-Handbuch Klärschlamm, Ernst & Sohn, Berlin 1996

[30] Bundesministerium für Umwelt, Naturschutz und Reaktorsicherheit (Hrsg.): Bericht gemäß Artikel 17 der EG-Richtlinie 86/278/EWG über die Klärschlammverwertung in der Bundesrepublik Deutschland, Bonn, 1992

[31] Kluge, G., Embert, G.: Das Düngemittlerecht mit fachlichen Erläuterungen, Landwirtschaftsverlag, Münster-Hiltrup, 1996

[32] Henning, K., Gerth, H., Kruse, H.: Klärschlammverwertung im Landbau – Position der Landwirtschaftskammer Schleswig-Holstein, Betriebswirtschaftliche Mitteilungen der Landwirtschaftskammer Schleswig-Holstein, Nr. 478, 1995

[33] Hansmann, G., Mittmann, H., Lindert, M, Görtz, W.: Mitverbrennung von Klärschlamm im Kraftwerk, Umwelt 24 (1994), Nr. 10, Spezial S. 8-12

[34] Röper, G., Nehm, H.-U.: Mitverbrennung von bis zu 10 t/h Klärschlamm in Zementöfen bei Holcim, in: Handbuch zum VDI-Seminar 433625 Klärschlamm/Tiermehl/Altholz/Biogene Reststoffe, München, 12.–13. Februar 2004

[35] De Quervain, B.: Verwertung von Trockenklärschlamm in der Zementindustrie, in: Thomé-Kozmiensky (Hrsg.): Reformbedarf in der Abfallwirtschaft, TK Verlag Karl Thomé-Kozmiensky, Neuruppin 2001, S. 615-624

[36] Schingnitz, M.: Verwertung von Restmüll und Klärschlamm durch Flugstromvergasung, in: Wilderer, P.; Schindler, U. (Hrsg.): Inertisierung durch thermische Abfallbehandlung, Berichte aus Wassergüte- und Abfallwirtschaft Nr. 118, TU München 1994, S. 89-110

[37] Schingnitz, M.: Darstellung des Noell-Konversionsverfahrens, in: Carl, J.: Fritz, P.: Noell-Konversionsverfahren zur Verwertung und Entsorgung von Abfällen, EF-Verlag für Energie- und Umwelttechnik, Berlin 1994

[38] Stahlberg, R.: Thermoselect - Energie- und Rohstoffgewinnung aus Restmüll, in: Thomé-Kozmiensky, K. J.: Sonderabfallwirtschaft, EF-Verlag für Energie- und Umwelttechnik, Berlin 1993, S. 337-351

[39] Berwein, H.-J., Keweitz, H.-J., Baumgärtel, G.: Die Einbindung der Schwel-Brenn-Anlage in das Abfallkonzept des Deponieverbandes Kaiserslautern, in: Thomé-Kozmiensky, K. J.: Modelle für eine zukünftige Siedlungsabfallwirtschaft, EF-Verlag für Energie- und Umwelttechnik, Berlin 1993, S. 131-141

[40] Steger, M.: Rückstandsfreie Klärschlammbehandlung durch Pyrolyse und Verglasung, in: Wilderer, P.; Schindler, U. (Hrsg.): Inertisierung durch thermische Abfallbehandlung, Berichte aus Wassergüte- und Abfallwirtschaft Nr. 118, TU München 1994, S. 111-135

[41] Kügler, I., Öhlinger, A., Walter, B.: Dezentrale Klärschlammverbrennung, Bericht BE-260, Umweltbundesamt GmbH, Wien, 2004

[42] mündliche Firmeninformation Krüger A/S: IFAT 2005, München, 2005

[43] Kopf AG: Umwelt/ und Energietechnik: Firmenprospekt, Sulz-Bergfelden 2002

[44] Stadlbauer, E. A., Bojanowski, S., Frank, A., Schilling, G., Lausmann, R., Grimmel, W.: Untersuchungen zur thermokatalytischen Umwandlung von Klärschlamm und Tiermehl, KA – Abwasser, Abfall 2003 (50) Nr. 12, S. 1558-1562

Martin Faulstich [Hrsg.]

Fachtagung Verfahren & Werkstoffe für die Energietechnik

Band 1 – Energie aus Biomasse und Abfall

Vergasung von Biomasse

Dr.-Ing. Reinhard Rauch

Technische Universität Wien

Wien

ATZ Entwicklungszentrum, Sulzbach-Rosenberg

Verlag Förster Druck und Service, Sulzbach-Rosenberg

1 Einleitung

Güssing, eine Stadt im südlichen Burgenland (Österreich) mit ca. 4000 Einwohnern, erstellte im Jahr 1990 ein neues Energiekonzept. Schwerpunkt des Energiekonzeptes war die Substituierung von fossilen Brennstoffen durch erneuerbare heimische Energieträger. Der erste Schritt war eine Evaluierung des bestehenden Energieverbrauchs. Anschließend wurde das Einsparungspotenzial an Energie genutzt (verbesserte Wärmedämmung, effizientere Straßenbeleuchtung etc.). Der zweite Schritt war die Errichtung einer RME-Anlage zur Erzeugung von Biodiesel aus Raps. In dieser Anlage wird mehr Biodiesel erzeugt, als die Gemeinde Güssing an flüssigen Treibstoffen verbraucht. Der dritte Schritt war die Errichtung eines Fernwärmenetzes basierend auf der Nutzung von Biomasse. Somit versorgt sich die Gemeinde Güssing mit Wärme und Treibstoffen vollständig aus regionalen Energieträgern. Die Energieform, die noch fehlte, war Elektrizität. Aus diesem Grund beschloss die Stadt Güssing ein Biomassekraftwerk zu errichten.

Ziel der neu zu errichtenden Anlage war es, die Stromerzeugung aus Biomasse auch in kleinen, dezentralen Kraftwerken zu ermöglichen. Als zentraler Prozessschritt wird ein Vergasungsverfahren angewandt, das besonders beim Einsatz als Kraft-Wärme-Kopplung Vorteile gegenüber Verbrennungsverfahren bietet. Dieser neue Kraftwerkstyp wurde erstmalig in Güssing als Demonstrationsanlage errichtet und befindet sich seit dem Jahr 2002 im Demonstrationsbetrieb [1, 2].

2 Vergasungsverfahren

Bei der Anlage in Güssing wird eine Wirbelschicht als Reaktor und Dampf als Vergasungsmittel eingesetzt. Dies hat den großen Vorteil, dass ein praktisch stickstofffreies Produktgas erzeugt werden kann, das im Vergleich zur Luftvergasung ca. den 2,5-fachen Heizwert aufweist. Weiters ist der Teergehalt im Produktgas ebenfalls vergleichsweise gering. Da die Vergasungsreaktionen überwiegend endotherm sind, muss dem Vergasungsreaktor Wärme zugeführt werden. Das Grundprinzip dieser Wärmezufuhr ist im Bild 1 schematisch dargestellt. Wärme wird in einer externen Brennkammer erzeugt und dem Vergasungsreaktor über das zirkulierende Bettmaterial zugeführt. Der im Vergaser nicht vergaste Kohlenstoff (Koks) wandert mit dem Bettmaterial in die Brennkammer und wird dort mit dem zugeführten Luftsauerstoff verbrannt (exotherme Reaktion). Falls dieser Koks für die notwendige Wärmeproduktion nicht ausreicht, um die angestrebte Vergasungstemperatur von ca. 850°C konstant zu halten, kann ein Zusatzbrennstoff, der fest, flüssig oder gasförmig sein kann, in die Brennkammer eingebracht werden.

Vergasung von Biomasse

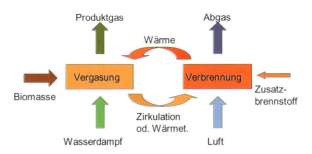

Bild 1: Prinzip der Wärmezufuhr über das umlaufende Bettmaterial (allotherme Vergasung)

3 Beschreibung des Kraftwerkes

3.1 Fließbild der Anlage

Im Bild 2 ist das Fließbild der Anlage dargestellt. Eine ausführliche Darstellung ist in Hofbauer et al. [3] zu finden. Dabei wurde auf Details bewusst verzichtet, um das Bild nicht zu überladen. Biomasse wird über ein Schneckensystem in dem Gaserzeugungsreaktor eingebracht und dort bei ca. 850°C mit Wasserdampf in ein hochwertiges Produktgas umgewandelt. Die dazu notwendige Wärme wird von einer Brennkammer geliefert, wobei die Wärme mittels zirkulierenden Bettmaterials von der Brennkammer in den Gaserzeugungsraum transportiert wird.

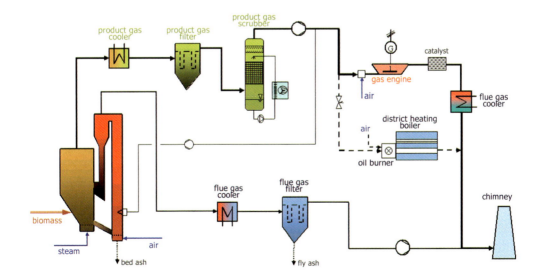

Bild 2: Fließbild des BHKW Güssing

Das Produktgas tritt oben aus dem Gaserzeugungsreaktor aus, wird abgekühlt (zur Dampferzeugung, Fernwärmeproduktion), vom Staub befreit und in einem Wäscher der Teer abgeschieden. Das nunmehr gereinigte Produktgas wird auf ca. 80 mbar Überdruck verdichtet und im Gasmotor in Strom und Wärme umgewandelt. Das den Motor verlassende Abgas wird katalytisch nachverbrannt und die darin vorhandene Wärme in ein Nahwärmenetz eingespeist. Die Anlage in Güssing ist mit einem Kessel ausgerüstet, der in der Lage ist, parallel zum Gasmotor die gesamte Gasmenge zu verarbeiten (z.B. beim Anfahren der Anlage), so dass kein Gas ungenutzt bleibt.

Das Abgas aus der Brennkammer wird abgekühlt, entstaubt und über den Kamin ins Freie entlassen. Bei der Abkühlung wird die Wärme zur Luftvorwärmung, Dampfüberhitzung und zur Auskopplung als Fernwärme genutzt.

3.2 Auslegungsdaten

In der Tabelle 1 sind die wichtigsten Auslegungsdaten der Demonstrationsanlage Güssing enthalten, wobei ein Brennstoff mit 15% Wassergehalt zugrunde gelegt wurde. Die Demonstration erfolgt in mehreren Stufen, wobei die Leistung des Gasmotors in drei Stufen beginnend von 1500 kW auf 2000 kW durch Anhebung des Mitteldruckes gesteigert wurde. Derzeit wird die Anlage beim Auslegungspunkt des Gasmotors von 2000 kW betrieben.

Tabelle 1: Wichtigste Auslegungsdaten der Anlage Güssing

Art der Anlage	Demonstrationsanlage	
Brennstoffwärmeleistung	8000	kW
Elektrische Leistung	2000	kW
Thermische Leistung	4500	kW
Elektrischer Wirkungsgrad	25	%
Kaltgaswirkungsgrad	72	%
Gesamtwirkungsgrad	81,3	%

3.3 Beschreibung der einzelnen Anlagenkomponenten

3.3.1 Brennstoffzufuhr

Biomasse wird aus dem Tagesbehälter mittels Schubboden und weiteren Förderorganen in einen Vorlagebunker transportiert. Eine Schnecke dosiert den Brennstoff aus diesem Vorlagebunker in eine Stopfschnecke. Die Stopfschnecke dient zur Abdichtung gegen die Umgebung. Mittels der Schnecke wird schließlich die Biomasse in das Wirbelbett des Gaserzeugungsreaktors eingeschoben.

Als Biomasse kommt derzeit ausschließlich Holzhackgut mit einem durchschnittlichen Wassergehalt von ca. 20-30 Gew.% zum Einsatz. Die ausschließliche Verwendung von Waldhackgut hat im wesentlichen zwei Gründe: Zum einen dient es der regionalen Wertschöpfung, da das Hackgut aus den umliegenden Wäldern kommt, zum anderen ist der Einspeisetarif für naturbelassenes Waldhackgut am höchsten.

3.3.2 Gaserzeugungstechnologie

Der Holzgaserzeuger dient zur Herstellung des angestrebten brennbaren Produktgases aus der Biomasse mit möglichst hohem Heizwert und möglichst gleich bleibender Qualität.

Der Gaserzeuger besteht aus zwei Kammern (Bild 3), dem Vergaser (stationäre Wirbelschicht) und der Brennkammer (schnelle Wirbelschicht). Biomasse wird in den Vergasungsteil aufgegeben, wobei sich in kurzer Zeit heißes Bettmaterial von der Brennkammer mit dem Brennstoff vermischt. Die im Sand gespeicherte Wärmeenergie wird auf die Biomasse übertragen und es finden die Vergasungsreaktionen überwiegend bei 850°C statt.

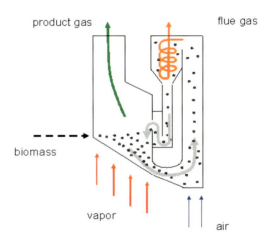

Bild 3: Gaserzeugungsreaktor

Der Vergasungsteil wird durch den eingebauten Düsenboden mit überhitztem Wasserdampf fluidisiert. Nicht vergaste Bestandteile der Biomasse (Holzkoks) wandern mit dem Bettmaterial über einen ebenfalls mit Wasserdampf fluidisierten Verbindungskanal in die Brennkammer. Diese ist als expandierende schnelle Wirbelschicht, die mit vorgewärmter Luft betrieben wird, ausgebildet. Dort verbrennen die nicht vergasten Bestandteile (Koks), wodurch sich das Bettmaterial wieder aufheizt. Die Temperatur in der Brennkammer beträgt ca. 930°C. Um die oben genannte Vergasungstemperatur zu regeln, wird ein gewisser Anteil des im Vergaser produzierten Gases in der Brennkammer als Stützfeuer verbrannt und/oder ein Zusatzbrennstoff (fest, flüssig oder gasförmig) verwendet. Um den Vergaser anfahren zu können, ist in der Brennkammer ein Anfahrbrenner, der mit Öl gefeuert wird, installiert.

Das Bettmaterial wird nach der Brennkammer vom Rauchgas mit einem Zyklon getrennt, die abgeschiedenen Partikel werden über einen Siphon in den Vergasungsteil zurückgefördert. Das

Rauchgas gelangt in die Nachbrennkammer, wodurch die zur Erreichung der garantierten Abgasemissionswerte notwendige Verweilzeit gewährleistet ist. Die im Verbrennungsteil anfallenden groben Inertbestandteile der Biomasse (Bettasche) werden ausgeschleust, gekühlt und in einen abgedeckten Container verfüllt.

3.3.3 Gasreinigungstechnologie

Produktgasweg

Das Produktgas tritt mit ca. 840°C aus dem Vergaser aus und wird im anschließenden Produktgaskühler auf ca. 150°C abgekühlt. Die dabei gewonnene Wärme wird zur Dampferzeugung und als Fernwärme genutzt. Eine hohe Gasgeschwindigkeit und hohe Rohrwandtemperatur verringert eine Verschmutzungsneigung. Die Entstaubung erfolgt im Produktgasfilter. Als Abreinigungsmedium wird Inertgas (Stickstoff) verwendet. Der abgeschiedene Staub wird wegen seines Gehaltes an brennbaren Substanzen in die Brennkammer des Gaserzeugers rückgeführt (Flugkoksrückführung). Im Gaswäscher wird das Produktgas weiter auf die für den Gasmotor zulässige Temperatur (ca. 50°C) gekühlt, und gleichzeitig wird der dabei kondensierende Teer und anfallendes Kondenswasser abgeschieden. Als Waschmedium wird ein organisches Lösungsmittel eingesetzt. Ein Teil des mit Teer beladenen Waschmediums wird aus dem System ausgeschleust und durch frisches Medium ersetzt, um die Teerkonzentration im System in bestimmten Grenzen zu halten. Ebenso wird das anfallende Wasser vom Boden des Wäschersumpfes abgezogen. Das ausgeschleuste Waschmedium wird im Verbrennungsteil des Vergasers entsorgt. Das anfallende Kondensat wird zur Dampferzeugung genutzt.

Rauchgasweg

Die Rauchgaskühlung erfolgt über 3 Wärmetauscher-Stufen: Die 1. Stufe wird zum Vorwärmen der in der Brennkammer benötigten Verbrennungsluft verwendet (LUVO). Die 2. Stufe dient zum Überhitzen des aus dem Verdampfer kommenden Sattdampfes (Überhitzer). Die 3. Stufe dient zur Ausnutzung der restlichen Wärme im Rauchgas und wird zur Erzeugung von Fernwärme genutzt (Rauchgaskühler). Das mit ca. 950°C aus der Nachbrennkammer austretende Rauchgas wird dabei auf ca. 180°C abgekühlt.

Die Rauchgasreinigung erfolgt mit dem Rauchgasfilter. Dieser ist als Gewebefilter ausgebildet, wobei die Abreinigung des Staubes mit Druckluft erfolgt. Mit dem Rauchgasgebläse wird der im Rauchgasweg entstehende Druckverlust überwunden und der in der Brennkammer notwendige Unterdruck aufrechterhalten. Die Rauchgase werden gemeinsam mit dem Abgas des Gasmotors bzw. des Produktgasbrenners über den Kamin abgeleitet.

3.3.4 Gasnutzungstechnologie

Elektrische Energieerzeugung

Die Umsetzung der im Produktgas enthaltenen Energie in elektrische Energie erfolgt in einem GE Jenbacher Gasmotor (J620) nach dem 4-Takt-Prinzip (Otto-Motor) mit Turbolader und direkt angekuppeltem Generator. Die im Generator erzeugte Energie wird in das lokale Netz eingespeist. Die durch die notwendigen Kühlungen (Gasgemisch, Motoröl, Motorkühlwasser) anfallende Wärme wird in den Rücklauf des Fernwärmenetzes eingebunden.

Thermische Energieerzeugung (Fernwärme)

Die nutzbare Wärme aus Produktgas, Rauchgas, Motorabgas, Motorabwärme, Produktgasbrennerabgas wird zur Erzeugung des erforderlichen Prozessdampfes, zur Vorwärmung der Verbrennungsluft und zur Erzeugung von Fernwärme genutzt. Der Großteil der Wärmemenge (ca. 1/2) wird aus den heißen Abgasen nach dem Motor produziert und über den Abgaskühler dem Fernwärmenetz direkt zugeführt, während die Wärmemenge aus dem Produktgaskühler und dem Rauchgaskühler über einen Fernwärme-Zwischenkreis dem Fernwärmenetz zugeführt wird. Der Prozessdampf wird in einem Dampferzeuger, der mit Heißwasser aus dem Fernwärme-Zwischenkreis beheizt wird, erzeugt und anschließend überhitzt. Als Speisewasser für die Dampferzeugung wird das Kondensat aus dem Produktgaswäscher eingesetzt.

4 Betriebsergebnisse

Hier werden nur einige ausgewählte Betriebsergebnisse dargestellt, die die grundsätzliche Performance der Anlage gut wiedergeben. Weitere Detailergebnisse können den Publikationen [3-5] entnommen werden. Die Betriebstunden von Gaserzeugung inkl. Gasreinigung und vom Gasmotor sind in Tabelle 2 angegeben. Nachdem im ersten Jahr die grundlegenden Probleme behoben wurden, wurde im Jahr 2003 und 2004 an der Erhöhung der Verfügbarkeit gearbeitet. Im Jahr 2005 wurde zusätzlich an der Optimierung des Wirkungsgrades gearbeitet.

Tabelle 2: Betriebsstunden

	2002	2003	2004	Gesamt (Stand Mai 2005)
Gaserzeugung	3182	4695	6137	16500
Gasmotor	1251	4152	5463	13500

4.1 Vergaser

Der wichtigste Parameter des Vergasers ist der Bettmaterialumlauf. Durch das umlaufende Bettmaterial wird die für die Vergasungsreaktionen notwendige Wärme vom Verbrennungsteil in den Vergasungsteil transportiert. Um eine Temperaturdifferenz von kleiner 150°C zwischen den beiden Zonen zu erreichen ist ein Umlauf von 50 kg Bettmaterial / kg Brennstoff notwendig. Die Temperaturdifferenz zwischen Verbrennungs- und Vergasungsteil liegt wie geplant bei ca. 100°C. Die Ergebnisse der Kaltmodellversuche und die darauf basierende Anlagenplanung wurden so eindrucksvoll bestätigt.

Die Gaszusammensetzung liegt im Bereich der 100 kW Versuchsanlage und ist in Tabelle 3 dargestellt. Die Werte sind für das Rohgas (nach Vergaser) und für Reingas (nach Gasreinigung) angegeben.

Tabelle 3: Gaszusammensetzung

Wassergehalt Rohgas	v-%	~40
Wassergehalt Reingas	v-%	~10
CH_4	v-% (dry)	10…11
C_2H_4	v-% (dry)	2…3
C_3-Fract.	v-% (dry)	0.5…1
CO	v-% (dry)	22…26
CO_2	v-% (dry)	20…22
H_2	v-% (dry)	38…40
N_2	v-% (dry)	1,2…2,0
H_2S	v-ppm (dry)	~150
Organic S	v-ppm (dry)	~30
HCl	v-ppm (dry)	~5
NH_3 Rohgas	v-ppm (dry)	1000…2000
NH_3 Reingas	v-ppm (dry)	600…1500
Benzol Reingas	g/m³N (dry)	5…8
Napthalin Reingas	g/m³N (dry)	1..2
Teer (PAH größer als Napthalin) Reingas	g/m³N (dry)	0.02…0.05
Staubgehalt (Rohgas)	g/m³N (dry)	~50
Staubgehalt (Reingas)	g/m³N (dry)	< 0.02
Unterer Heizwert	MJ/m³N (dry)	12.9…13.6

4.2 Gasreinigung

Die Gasreinigung im Biomasse Heizkraftwerk Güssing besteht aus zwei Stufen. Im Schlauchfilter werden die Partikel und im Wäscher die Teere abgeschieden. Beide Stufen erreichen den geplanten Abscheidegrad und arbeiteten bis dato ohne größere Probleme.

Der Produktgasfilter weist keinerlei Schädigungen durch die 1-2 g/Nm³ Teer auf, welche den Filter passieren. Dies wird durch die spezielle Betriebsweise des Filters ermöglicht. Dem Produktgas wird vor dem Filter ein Inertstaub zugemischt. Dadurch ist das Verhältnis von Staub zu Teer ca. 50:1. Bei einem derart hohem Verhältnis von Staub zu Teer gelangen keine Teeraerosole auf den Schlauchfilter, sondern werden bereits in der Filterkuchenschicht abgetrennt. Dadurch ist es möglich auch bei hohen Teerkonzentrationen den Schlauchfilter ohne Schädigung des Filtermaterials zu betreiben.

Der Wäscher erreicht einen Teerabscheidegrad von 98-99%. In den 16500 Betriebsstunden traten keinerlei Ablagerungen in der Packung oder im Tropfenabscheider auf. Durch begleitende Messungen und einer weiteren Optimierung konnte der Verbrauch an organischer Waschflüssigkeit von 40 l/h auf unter 20 l/h reduziert werden. Derzeit wird an der Optimierung der Pumpen, welche das Kondensat und die Emulsion fördern, gearbeitet, da die derzeit eingesetzten Pumpen zu wartungsintensiv sind.

4.3 Zusammenfassung der Ergebnisse

Der Wirbelschicht Gaserzeugungsreaktor zeichnet sich durch einen äußerst stabilen Betrieb aus. Durch die Dampfvergasung wird ein fast stickstofffreies Produktgas erzeugt, welches im Vergleich zur Luftvergasung ca. den 2,5-fachen Heizwert aufweist (12 MJ/Nm³). Die Teerkonzentration im Produktgas beträgt 0,5-1,5 g/Nm³, welches, bezogen auf den Energieinhalt des Gases, einen äußerst niedrigen Teergehalt darstellt. Als Bettmaterial wird ein Katalysator verwendet. Das verwendete katalytische Bettmaterial erreicht die für einen stationären Betrieb geforderten Umlaufraten zwischen Vergasungs- und Verbrennungsteil und weist einen äußerst niedrigen Abrieb auf.

Der zur Produktgaskühlung nachgeschaltete Wärmetauscher zeigte am Beginn des Betriebes aufgrund des häufigen An- und Abfahrens Foulingerscheinungen. Diese konnten aber durch Änderung der Fahrweise weitestgehend beseitigt werden. Der Precoatfilter, obwohl es derzeit noch sehr wenig Erfahrung auf diesem Gebiet gibt, funktioniert problemlos. Es kam zu keinen Verklebungen, auch ist die Abreinigung unproblematisch. Der nachgeschaltete Wäscher liefert ausgezeichnete Reingaswerte für Teer. Der rückstandsfreie (Teer und Kondensat) Betrieb gestaltete sich anfangs aufgrund der höheren Feuchte der eingesetzten Biomasse (15 Gew.% bis zu 30 Gew.%) problematisch, da mehr Kondensat als geplant im Wäscher anfiel. Durch Einbau eines Kondensatverdampfers wurde dieses Problem gelöst. Damit ist auch bei höherem Wassergehalt der Biomasse ein rückstandsfreier Betrieb bei Volllast der Anlage möglich, welches als entscheidender Vorteil anzuführen ist.

Der Gasmotor konnte ohne gröbere Probleme in Betrieb genommen werden und brachte die von Jenbacher garantierte Leistung von 1500 kW. Die Leistungssteigerung auf 2000 kW verlief ebenfalls problemlos.

Hinsichtlich der Emissionen konnten alle angestrebten Werte erfüllt werden. Es werden alle Kreisläufe geschlossen, sodass kein Abwasser anfällt und die Asche nur aus der Brennkammer völlig ausgebrannt ausgeschleust wird.

5 Wirtschaftlichkeit

Die Biomasse-KWK-Anlage in Güssing wurde zu Demonstrationszwecken errichtet, wobei die Investitionskosten durch WIBAG (Fördermittel des Landes Burgenland und der EU), KKA (Fördermittel des österreichischen Umweltministeriums) und FFF (Fördermittel des Bundesministerium für Verkehr, Innovation und Technologie) wesentlich gestützt wurden. Aus den bisherigen Erfahrungen ergibt sich, dass ein wirtschaftlicher Betrieb bei 6000 Betriebsstunden pro Jahr wirtschaftlich ist möglich.

Ein wesentlicher Faktor für den wirtschaftlichen Betrieb des Biomasse-Heizkraftwerkes Güssing ist die Verfügbarkeit der Anlage. Die Verfügbarkeit ist definiert durch das Verhältnis von produzierter elektrischer Energie durch die maximal mögliche produzierte elektrische Energie. Wie der Tabelle 2 zu entnehmen ist, wurde ein wirtschaftlicher Betrieb bisher nicht erreicht. Aufgrund der bisherigen Betriebstunden im Jahr 2005 ist zu erwarten, dass in diesem Jahr ein Gewinn erwirtschaftet wird.

In Bild 4 ist die kumulierte Strom- und Wärmeproduktion dargestellt. Man erkennt deutlich, dass im Laufe des Betriebes die Verfügbarkeit erheblich gesteigert werden konnte.

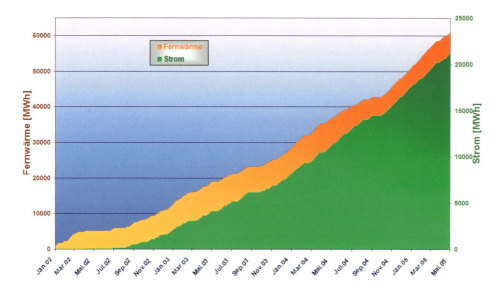

Bild 4: Strom- und Wärmeproduktion

6   Zusammenfassung und Ausblick

Die Ergebnisse dieser Demonstrationsanlage zeigen, dass der Vergaser wie geplant funktioniert, die Gaszusammensetzung, der Teergehalt des Produktgases und der Wirkungsgrad der Anlage innerhalb des geplanten Bereiches liegen.

Mit Hilfe dieser Anlage wurde der notwendige Scale-up Schritt von der Technikumsanlage an der TU Wien (100 kW$_{th}$) zu einer kommerziellen Anlage (8MW$_{th}$) erreicht. Zugleich wird die Forschung und Entwicklung von RENET-Austria so weit fortgeführt, dass der Anlagenbauer ein wirtschaftliches Biomassekraftwerk auf den Markt bringen kann.

7 Acknowledgement

Dem Bundesministerium für Wirtschaft und Arbeit, dem Land Burgenland und dem Land Niederösterreich wird für die finanzielle Unterstützung von RENET-Austria, einem Kompetenznetzwerkes im Rahmen der Programmlinie Knet, Dank und Anerkennung ausgesprochen.

8 Literatur

[1] Hompage: http://www.renet.at

[2] Hompage: http://www.ficfb.at

[3] Hofbauer, H.; Rauch, R.; Bosch, K.; Koch, R.; Aichernig, C.: Biomass CHP-Plant Güssing - A Success Story, Gasification Expert Meeting, Strassburg, October 2002

[4] Hofbauer,H.; Rauch, R.; Loeffler, G.; Kaiser, S.; Fercher, E.; Tremmel, H.: Six years experience with the Ficfb-Gasification Process, 12th European Conference and Technology Exhibition on Biomass for Energy, Industry and Climate Protection; Amsterdam, June 2002.

[5] Hofbauer, H.; Rauch, R.: Stoichiometric water consumption of steam gasification by the FICFB-gasification process, Progress in Thermochemical Biomass Conversion, Conference, Innsbruck, September 2000.

Martin Faulstich [Hrsg.]

Fachtagung Verfahren & Werkstoffe für die Energietechnik

Band 1 – Energie aus Biomasse und Abfall

Korrosion in thermischen Anlagen

Dr.-Ing. Dietmar Bendix, Prof. Dr.-Ing. Martin Faulstich

ATZ Entwicklungszentrum

Sulzbach-Rosenberg

ATZ Entwicklungszentrum, Sulzbach-Rosenberg

Verlag Förster Druck und Service, Sulzbach-Rosenberg

Dietmar Bendix, Martin Faulstich

1 Einleitung

Ein wichtiger Kostenfaktor bei thermischen Anlagen sind die durch Korrosion bedingten Aufwendungen für Wartungsarbeiten und Stillstandszeiten. Schon die Herkunft des Wortes Korrosion vom lateinischen corrodere = zerfressen, zernagen, macht das negative Image dieses Vorganges deutlich. Korrosion wird bei vielen Werkstoffen (Metalle, Kunststoffe, Glas, Keramik, Holz) beobachtet. Im Allgemeinen wird mit Korrosion jedoch vorrangig die von der Oberfläche ausgehende Zerstörung von Metallen durch eine chemische Reaktion mit einem umgebenden Medium in Zusammenhang gebracht. Korrosion muss nicht zwangsläufig die Zerstörung und den Ausfall des Bauteiles bedeuten. So können zum Beispiel Eisenbahnschienen mit einer bestimmten Korrosionsgeschwindigkeit über Jahre hinaus rosten, ohne dass sie in ihrer Funktionsfähigkeit innerhalb der zu erwartenden Lebensdauer beeinträchtigt werden. Auch bei der Konstruktion thermischer Anlagen wird ein Korrosionszuschlag bei der Auswahl der Materialdicke berücksichtigt, so dass ein Großteil der thermischen Anlagen eher moralisch verschlissen ist, als dass korrosionsbedingte Schäden einen Ausfall der Anlage herbeiführen würden. Bei Anlagen zur thermischen Nutzung von Brennstoffen, welche einen erhöhten Anteil an Problemelementen (Chlor, Schwefel, Metallionen, welche die Bildung leicht flüchtiger Salze ermöglichen) aufweisen, ist der moralische Verschleiß gering im Vergleich zum korrosionsbedingten Verschleiß. Oft wird bei Wirtschaftlichkeitsbetrachtungen solcher Anlagen von einer Nutzungszeit von zehn Jahren und jährlichen Kosten für Wartungs- und Reparaturanlagen von einem Prozent der Investitionskosten ausgegangen. Damit diese Annahmen erfüllt werden können, sind bereits bei der Konstruktion Maßnahmen zur Minderung der zu erwartenden Korrosion zu berücksichtigen. Da die Korrosion bei der Nutzung solcher Anlagen eine wesentliche Rolle spielt, sollen im Weiteren diese Anlagen im Fokus der Betrachtungen stehen und unter dem Begriff „thermische Anlagen" zusammengefasst werden. Es gibt verschiedene Mechanismen und Erscheinungsformen der Korrosion. Deshalb werden sowohl verschiedene Arten der Reaktionsabläufe (chemische Korrosion, elektrochemische / galvanische Korrosion / Korrosion in wässrigen Lösungen, Hochtemperaturkorrosion, mechanisch induzierte Korrosion, selektive Korrosion, Erosionskorrosion) als auch verschiedene Erscheinungsbilder der Materialzerstörung (flächiger Abtrag; Loch-, Riss-, Muldenbildung) zur besseren Beschreibung der Korrosion unterschieden. Bei thermischen Anlagen sind insbesondere vorbeugende Maßnahmen bezüglich der Hochtemperaturkorrosion während des Betriebes der Anlagen und der elektrochemischen Korrosion während der Stillstandszeiten und den An- bzw. Abfahrprozessen vorzusehen.

2 Korrosion während der An- und Abfahrprozesse und während der Stillstandszeiten der thermischen Anlagen

Die Korrosion thermischer Anlagen während des An- und Abfahrprozesses und während der Stillstandszeiten wird maßgeblich durch das Vorhandensein von Kondensaten bestimmt. Aufgrund der Zusammensetzung der Brennstoffe ist der Verbrennungsvorgang mit der Wasserdampfbildung und der Beladung des Rauchgases mit Schwefel-, Chlor- und Metallverbindungen verbunden. In Abhängigkeit von der Konzentration der Problemelemente im Brennstoff und der

Verbrennungstemperatur ergibt sich für jede dieser korrosiv wirkenden Rauchgaskomponente eine Temperatur, bei welcher das Rauchgas mit dem betreffenden Stoff gesättigt ist. Liegt die Oberflächentemperatur von Anlagenteilen, welche mit dem Rauchgas in Kontakt kommen, unterhalb dieser Temperatur, bilden sich Kondensate (bzw. Sublimate) der betreffenden Substanzen. Der Wasserdampfgehalt des Rauchgases ist je nach Feuchte und gebundenem Wasserstoffgehalt des Brennstoffes zwischen etwa 10% und 50%. Die dazu korrespondieren Taupunktstemperaturen betragen 45°C bis 80°C. Während der Anfahrprozesse lässt es sich nur in seltenen Fällen mit vertretbarem Aufwand realisieren, dass alle Rauchgasführenden Anlagenteile bereits oberhalb dieser Temperaturen vorgewärmt sind. Zwangsläufig bilden sich bei vielen Anlagen im Anfahrprozess wässrige Kondensate. Zur Verringerung der Schäden aufgrund von Korrosion in wässrigen Lösungen sind entweder die Anlagen so zu verschalten, dass in möglichst kurzer Zeit alle Rauchgas führenden Anlagenteile eine Temperatur oberhalb des Taupunktes der in höheren Konzentrationen zu erwartenden korrosiv wirkenden Spezies (Säuretaupunkte bzgl. HCl, H_2SO_3/H_2SO_4) erreicht haben oder bei Anlagen, wo die partielle Wasserdampfkondensation aus energetischen Gründen erwünscht ist, sind entsprechend korrosionsbeständige Materialien zu verwenden. Im Abfahrprozess lassen sich moderne Anlagen regelungstechnisch so betreiben, dass eine unerwünschte Kondensation von Wasser und Säuren an Anlagenteilen vermieden werden kann. Korrosion während Stillstandszeiten ist in den meisten Fällen auf Unregelmäßigkeiten im An- / Abfahrprozess (Schnellstart / Notabschaltungen) oder Leckagen zurückzuführen.

3   Hochtemperaturkorrosion

Hochtemperaturkorrosion tritt bei erhöhter Umgebungstemperatur auf. In einigen Fällen, beispielsweise der Zunderbildung oder der Chromcarbidbildung, reicht die Anwesenheit reaktiver Spezies in der Gasphase zur direkten Bildung von Korrosionsprodukten.

Bild 1:   Korrosion an einem hochtemperaturfesten chromreichen rostfreien Stahl

In Bild 1 ist der Kornzerfall aufgrund der Chromverarmung an den Korngrenzen eines hochtemperaturfesten chromreichen rostfreien Stahls zu erkennen, welcher als Material für den Wärmeübertrager in einem Holzvergaser eingesetzt wurde.

In thermischen Anlagen, in welchen Stoffe mit relativ hohem Chlorgehalt umgesetzt werden, kann man durch Hochtemperaturchlorkorrosion verursachte Schäden antreffen. Hochtemperaturchlorkorrosion wird durch Ablagerung von aus dem Brennstoff stammenden Alkalisalzen (NaCl, KCl) verursacht. In der SO_2-, H_2O- und O_2-haltigen Rauchgasatmosphäre erfolgt eine Sulfatisierung der chloridischen Salze. Das dabei freigesetzte reaktionsfähige Chlor greift eisenhaltiges Material unter Bildung von $FeCl_2$ an. Eisen(II)-chlorid zersetzt sich unter Aufnahme von Sauerstoff zu Eisenoxid und Chlor. Letzteres kann dann erneut den Stahl angreifen. Das Eisenoxid wird als poröses Material aufgebaut, so dass es keine ausreichend schützende Deckschicht bildet (siehe auch Bild 4). Es handelt sich hierbei um eine sich selbst initiierende Reaktionskette. Charakteristisch für die Hochtemperaturchlorkorrosion ist ein sehr ungleichmäßiger Materialverlust (Lochfraß) an den Wärmeübertragerflächen. Der Materialabtrag am Wärmetauscher erfolgt an einzelnen Stellen wesentlich beschleunigt (Loch- bzw. Muldenbildung), die den Wärmetauscher auch dann unbrauchbar machen, wenn die mittlere Wandstärke noch keinen nennenswerten Materialverlust aufweist.

4 Bedeutung der Brennstoffeigenschaften

Hauptursache für Korrosionsschäden an thermischen Anlagen sind die mit dem Brennstoff eingebrachten korrosiv wirkenden Elemente. Vor allem sind dabei Chlor und Schwefel zu nennen. Die Unterschiede der Konzentrationen dieser Elemente in den Brennstoffen sind gerade für Biomassenfeuerungsanlagen von besonderer Bedeutung. So enthält naturbelassenes Holz nur etwa 0,02% Chlor und 0,03% Schwefel und stellt somit bezüglich notwendiger Korrosionsschutzmaßnahmen nur geringe Anforderungen (vgl. Kohle 0,01 – 0,1% Chlor, 0,01 – 0,1% Schwefel). Naturbelassenes Stroh hingegen kann Schwefelgehalte bis 0,3% und Chlorgehalte bis 0,5% aufweisen. Biomassenfeuerungsanlagen, in welchen auch Materialien mit höheren Chlor- und Schwefelgehalt (z.B. Stroh) verbrannt werden sollen, sind zwingend mit Korrosionsschutzmaßnahmen zu versehen. Durch die Beeinflussung der Reaktionsabläufe der Chlor- und Schwefelbindung haben Elemente einen Einfluss auf den Korrosionsangriff, welche mögliche Bestandteile von Chlorverbindungen sein können (Natrium, Kalium, Calcium, Blei, Zink) oder den Nichtchlorbestandteil der aggressiven chlorhaltigen Spezies binden können (Silizium, Aluminium). Einige wenige Metalle bewirken Korrosionsschäden durch die Bildung intermetallischer poröser, leicht entfernbarer Phasen (z.B. Zink, siehe auch Bild 6).

5 Aktiver Korrosionsschutz

Der Realisierung von aktiven Korrosionsschutzmaßnahmen sind in thermischen Anlagen enge Grenzen gesetzt. Nur in wenigen Fällen laufen Maßnahmen zur Minderung der Korrosion konform mit Maßnahmen zur Optimierung der Verbrennung. Maßnahmen zur Optimierung der Strömung mit der Begrenzung örtlicher Temperatur-, Geschwindigkeits- und Konzentrationsspitzen (Intensivierung der Vermischung mit der Sekundärluft, Vermeidung von Gassträhnen) sind sowohl eine Voraussetzung für die Verringerung der Konzentration von Stickoxiden und Kohlenmonoxid im Abgas als auch für die Minimierung des Korrosionsangriffes.

Eine weitere aktive Korrosionsschutzmaßnahme ist die Verringerung der Temperatur im Feuerungsraum, wodurch die Mobilisierung von Inhaltsstoffen des Brennstoffes verringert werden würde. Bei der Optimierung der Feuerraumtemperatur werden jedoch vorrangig der Ausbrand und die Konzentration von Stickoxiden und Kohlenmonoxid im Abgas berücksichtigt. Die daraus resultierenden Feuerraumtemperaturen liegen weit über dem aus Korrosionsschutzgründen zu empfehlenden Bereich (500°C – 600°C).

Das Korrosionspotential kann verringert werden, wenn es gelingt, die in der Flamme gebildeten gasförmigen Chloride zu sulfatisieren und das in die Gasphase übergegangenen Chlor vorrangig als Chlorwasserstoff durch die Rauchgas führenden Anlagenteile zu führen. Zum einen kann diesem Ziel durch eine hohe Verweilzeit näher gekommen werden. Die daraus resultierende Anlagengröße widerspricht den allgemeinen Optimierungskriterien einer thermischen Anlage. Zum anderen ist die Beeinflussung der Chlorbindungsformen durch die Zugabe von Additiven möglich. Durch die Zugabe von aluminium- und siliziumhaltigem Material können Kalium und Natrium in Aluminiumsilikate eingebunden werden und stehen somit nicht mehr für die Bildung der entsprechenden Chloride zur Verfügung.

Ein weiteres Potential für einen aktiven Korrosionsschutz bietet die Beeinflussung des Wärmeüberganges bei der Wärmenutzung. Die weitgehend mögliche Nutzung des Wärmeüberganges durch Strahlung bietet den Vorteil, dass der Kontakt zwischen korrosiven Bestandteilen und Wärmeübertragermaterial minimiert werden kann. Aus Gründen der Anlagengröße besitzen die Strahlungsheizflächen im Vergleich zu den Konvektionsheizflächen einen geringeren Anteil in den meisten thermischen Anlagen, als dass aus Gründen des Korrosionsschutzes wünschenswert wäre. Die Kinetik der Hochtemperaturchlorkorrosion wird neben der Konzentration der korrosiven Spezies auch durch die Rauchgasgeschwindigkeit in Wandnähe und durch die Temperaturen von Rauchgas und Wärmeübertragerfläche beeinflusst. Kann die Enthalpie der Rauchgase in Form von Niedertemperaturwärme zur Substitution von Primärenergieträgern verwendet werden (Raumheizung, Fernwärme), so kann die Wandtemperatur der Wärmeübertragerflächen den Bedürfnissen hinsichtlich effektivem Wärmeübergang und minimaler Korrosion angepasst werden. Allgemein anerkannt ist, dass alkali- und schwermetallhaltige eutektische chloridische/sulfatische Salzschmelzen hauptverantwortlich für die Korrosion in weiten Teilen des Kessels sind. Diese Salzschmelzen wirken überall dort hochkorrosiv, wo die Temperatur der Kesselrohre oberhalb der Schmelztemperatur des Eutektikums liegt. Die Schmelzbereiche von Salzen und Salzmischungen, welche sich auf Bauteilen von thermischen Anlagen abscheiden können, beginnen bei etwa 160°C (Gemisch aus 73% $FeCl_3$ und 27% NaCl). Im Temperaturbereich von 240°C bis 300°C können die meisten im Rauchgas enthaltenen Salze (NaCl, $ZnCl_2$, $SnCl_2$,.KCl, $ZnSO_4$, K_2SO_4, $PbCl_2$, Na_2SO_4) in Gemischen in flüssiger Form auftreten [1]. Von thermischen Anlagen, bei welchen die Wandtemperatur unterhalb dieser Schmelzbereiche gehalten werden kann, sind nur wenige Probleme hinsichtlich Korrosion bekannt. Verschiedene Anlagen, bei denen eine Verstromung der Enthalpie der Rauchgase realisiert wird, werden deshalb nur mit geringen Dampfdrücken im Bereich 2 – 2,5 MPa (entspricht einer notwendigen Wandtemperatur im Verdampfer von 220 – 240°C) betrieben, obwohl dadurch nur geringe exergetische Wirkungsgrade erzielbar sind. Im Interesse der intensiveren

Energienutzung bei vertretbarem Aufwand für die Beseitigung von Korrosionsschäden sind heute Frischdampfparameter von 4 MPa und 400°C Standard.

In einigen Fällen ist man dazu übergegangen, die Endüberhitzung des Wasserdampfes in einem separaten Kessel durchzuführen, welcher seine Energie aus Brennstoffen mit geringem Anteil an Problemelementen (Kohle, Gas, Öl, naturbelassenes Holz) bezieht. Neben dem erhöhten apparativen Aufwand können dadurch auch die nach EEG geregelten Vergütungen negativ beeinflusst werden, so dass eine solche Schaltungsvariante nur in Ausnahmefällen gewählt wird. Zur Einschränkung der Korrosion werden die Wärmeübertragerflächen dampfseitig so geschaltet, dass die lokale Rohrwand- und Rauchgastemperatur ein Wertepaar ergibt, welches sich außerhalb bekannter Gebiete erhöhter Korrosion befindet. Dabei wird in Kauf genommen, dass der aus thermodynamischen Gründen heraus optimale Gegenstrom nicht verwirklicht werden kann und ggf. die zu realisierende Wärmeübertragerfläche größer als bei der Verwirklichung des Gegenstromes sein muss. Durch solche Schaltungsvarianten und bei Einhaltung moderater Rauchgastemperaturen sind Lebensdauern der Überhitzer (Material 15Mo3) von etwa 20.000 Betriebsstunden auch bei ungünstiger Brennstoffzusammensetzung erreichbar.

6 Passiver Korrosionsschutz

Unter passivem Korrosionsschutz werden Maßnahmen verstanden, die nicht die eigentlichen Ursachen für die Korrosion beseitigen, die aber dazu geeignet sind, die Symptome zu bekämpfen. Hauptsächlich handelt es sich bei passiven Korrosionsschutzmaßnahmen um Materialien oder Beschichtungen, mit denen die Basiswerkstoffe der gefährdeten Baugruppen vor dem Angriff durch korrosiv wirkende Spezies geschützt werden. Die Zustellung des Feuerraumes mit Feuerfestprodukten vermindert nicht nur die Korrosion, sie beeinflusst auch das Temperaturprofil hinsichtlich eines besseren Ausbrandes und einer Verminderung der Stickoxid- und Kohlenmonoxidkonzentration im Abgas positiv. Aufgrund der einfachen Verarbeitbarkeit wurden dazu in der Vergangenheit keramische Stampfmassen genutzt. Neben der offenen Porosität, welche nach einer gewissen Zeitverzögerung den Kontakt des Basismateriales mit den korrosiv wirkenden Spezies nicht mehr verhindert, haben auch Probleme, welche durch das Ausdampfen von Bindemitteln oder Schrumpfungen während des Ausheizens begründet waren, dazu geführt, dass keramische Stampfmassen heute nur noch sehr selten eingesetzt werden. Vorgefertigte Steine oder Platten, die im keramischen Ofen hergestellt wurden, haben gegenüber den plastischen Massen erhebliche Vorteile. Die offene Porosität liegt deutlich niedriger. Die Verfestigung des Formteils erfolgt durch eine ideale keramische Bindung. Eine weitere Schrumpfung aufgrund von Phasenumwandlung oder Mineralneubildungen ist kaum zu erwarten. Nur an Stellen im Feuerraum, für die es keine Formsteine gibt, werden heute noch Stampfmassen eingesetzt. Eine sehr breite Anwendung haben „hinterlüftete Platten" gewonnen. Über einen etwa 5 mm breiten Spalt zwischen Wärmeübertragerfläche und Platte wird Sperrluft mit einem Überdruck relativ zum Feuerraum von etwa 0,1 – 0,3 kPa eingeblasen. Der notwendige Luftbedarf beträgt dafür etwa 5 – 10 m^3/h Luft je m^2 hinterlüfteter Platte. Die Luft entweicht über Poren und Fugen in den Feuerraum. Da die Platten die Wärmeübertragerflächen nicht berühren und durch die Sperrluft der Eintritt von Stäuben und sonstigen Schadstoffen verhindert wird, bietet dieses

Plattensystem einen sehr guten Schutz für die Wärmeübertragerflächen. Chloridische Salzschmelzen können sich vermutlich an oder in diesen Platten nicht bilden, weil die sich aus konvektiver Wärmezufuhr und Strahlungswärmeabfuhr einstellende Temperatur an der Oberfläche meist oberhalb des Taupunktes (bezogen auf Chlorverbindungen) liegt. Die Wärmeübertragung von der Platte auf die Wärmeübertragerflächen erfolgt zum überwiegenden Teil durch Strahlung. Die hinterlüftete Platte kann deshalb ohne wesentliche Beeinträchtigung des Wärmeflusses und des Wirkungsgrades der thermischen Anlage nur in Zonen mit relativ hoher Rauchgastemperatur ($\geq$ 700°C) verwendet werden.

Zur Erreichung einer akzeptablen Korrosionsbeständigkeit sind heute im Großkesselbau Auftragsschweißungen (Cladding) mit Nickelbasislegierungen (z.B. Alloy 625) allgemein anerkannt. Im Gegensatz zu den meisten Applikationen soll bei Auftragsschweißungen als Korrosionsschutzmaßnahme ein möglichst dichter Überzug auf ein schon durch Korrosion geschädigtes oder auf ein neues Rohr aus einem Kesselbaustahl aufgebracht werden. Die Aufmischung der Schutzschicht mit dem Grundmaterial soll so gering wie möglich gehalten werden, um eine starke Diffusion des Eisens vom Grundwerkstoff in den Schichtwerkstoff zu vermeiden. Bindefehler in gewissen Größenordnungen sind aus diesem Grunde nicht als qualitätsmindernd zu betrachten. Dementsprechend wurden spezielle Technologien für Auftragsschweißungen als Korrosionsschutzmaßnahme entwickelt. Obwohl mit auftragsgeschweißten Schutzschichten versehene Wärmeübertragerflächen teilweise auch nach etwa 10 Jahren nur einen leichten flächigen Abtrag an den Schweißraupen aufweisen, ist Cladding nicht die Lösung aller Korrosionsprobleme. Dieses Beschichtungsverfahren mit dem Schichtwerkstoff Alloy 625 ist sehr kostspielig. Die Preise pro Quadratmeter projizierte Fläche bewegen sich zwischen etwa 2.600 und 3.000 €. Das liegt vor allem am hohen Materialpreis und an dem hohen Materialverbrauch. Die Mindestschichtstärke der Claddingschicht sollte 2 – 2,5 mm betragen. Untersuchungen zur Substitution von Alloy 625 durch andere Werkstoffe brachten als Ergebnis, dass entweder die Werkstoffe nicht den gewünschten Korrosionsschutz bieten konnten oder preislich noch ungünstiger als Alloy 625 waren. Weiterhin hat Alloy 625 Anwendungsgrenzen hinsichtlich der Temperatur. Zum Schutz der am meisten gefährdeten Überhitzer wurde noch keine geeignetere Legierung gefunden. Alternativen zum Cladding sind das Thermische Spritzen und der galvanische Beschichtungsprozess.

Unter der sog. „Dickvernickelung" versteht man das galvanische Aufbringen von Reinnickel oder leicht mit Kobalt oder ähnlichen Metallen legierten Nickelschichten in Stärken von 2 – 3 mm. Das Verfahren hat den Vorteil, dass eine absolut poren- und oxidfreie Schutzschicht garantiert werden kann. Der Werkstoff Reinnickel und das Verfahren sind zurzeit in der Dauererprobung. Die Ergebnisse in den einzelnen Anlagen sind widersprüchlich. Die Versuche mit galvanisch vernickelten Rohren mit Schichtstärken von 0,3 bzw. 0,6 mm in der Müllverbrennungsanlage Schwandorf zeigen, dass nach 11.000 Betriebsstunden die Vernickelung an den in den Überhitzer 1 (Wandtemperatur ca. 350°C) eingebauten Rohren noch einwandfrei ist. Die in den Überhitzer 3 (Wandtemperatur 410 – 420°C) eingebauten Rohre zeigen tiefe, muldenförmige Krater. Reinnickel scheint also, ähnlich wie Alloy 625, für höhere Temperaturen nicht geeignet zu sein.

7 Korrosionsschutz durch thermisches Spritzen

Der entscheidende Vorteil des Thermischen Spritzens besteht darin, dass praktisch jeder Werkstoff, welcher oberhalb der Umgebungstemperatur von dem festen in den flüssigen Aggregatzustand überführbar ist, als Schichtmaterial aufgetragen werden kann. Zusätzlich sind die Flächenleistungen pro Zeiteinheit erheblich höher als bei der Auftragsschweißung. Die Stillstandszeiten für derartige Reparaturen könnten reduziert werden. Außerdem kann man mit relativ geringem Materialverbrauch auskommen, da die gespritzten Schichten selten mehr als 0,3 mm dick sein müssen, um einen ausreichenden Korrosionsschutz zu gewährleisten. Die im Vergleich zum Cladding viel geringere minimal notwendige Schichtdicke resultiert aus der stark gehemmten Diffusion des Basismateriales in den Schichtwerkstoff. Das Thermische Spritzen umfasst Verfahren, bei denen der Spritzzusatz (in Pulver-, Draht- oder Stabform) einer energiereichen Wärmequelle zugeführt, darin an-, auf- oder abgeschmolzen und auf einer Substratoberfläche aufgeschleudert wird (Bild 2). In der Regel unterliegt das Substrat dabei nur einer geringen thermischen Belastung. Der für die Haftung hauptsächlich verantwortliche Mechanismus ist die mechanische Verklammerung. Die Diffusion (Haupthaftungsmechanismus des Auftragsschweißens), chemische und physikalische Bindungskräfte besitzen beim Thermischen Spritzen eine untergeordnete Rolle, woraus die vergleichsweise geringe Diffusion des Basismateriales in das Schichtmaterial (nur innerhalb weniger nm nachweisbar) hinein resultiert. Die einzelnen Verfahren des Thermischen Spritzens werden in Abhängigkeit von der Energieeinbringung unterschieden. Am Weitesten verbreitet sind hierbei das Flamm- bzw. Hochgeschwindigkeitsflamm-, das Lichtbogen- und das Plasmaspritzen. Ähnlich wie beim Auftragsschweißen müssen eine Reihe von Parametern angepasst werden, um eine den Anforderungen entsprechende Schicht zu erzeugen. Erste Misserfolge haben das Interesse am Thermischen Spritzen schwinden lassen, so dass aufgrund der allgemeinen Akzeptanz des Claddings als Korrosionsschutzmaßnahme das Thermische Spritzen bisher nur in Einzelfällen in thermischen Anlagen angewendet wird.

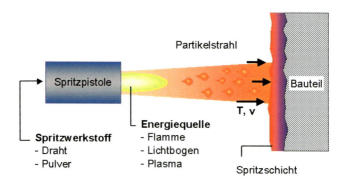

Bild 2: Funktionsprinzip des Thermischen Spritzens

Besondere Einsatzchancen hat das Thermische Spritzen, wenn durch dieses Verfahren Schichten produziert werden können, welche sich an den Stellen bewähren, wo mit Cladding aufgetragene Schichten bisher versagten. Dieser Philosophie folgend werden durch das ATZ Entwicklungszentrum in Zusammenarbeit mit dem Zweckverband Müllverwertung Schwandorf Versuche mittels Sonden (Bild 3) im heißen Rauchgas der thermischen Abfallverwertungsanlage bei sehr anspruchsvollen Umgebungsparametern durchgeführt. Wichtige Bestandteile der Materialsonde sind das Innenrohr, in welchem komprimierte Umgebungsluft zur Spitze transportiert wird und ein Außenrohr, welches außen mit der zu testenden Schicht beschichtet ist und welches innen durch die komprimierte Luft temperiert wird. Um sehr günstige Bedingungen für eine intensive Korrosion zu schaffen, werden die Sonden im Beginn des zweiten Zuges bei Rauchgastemperaturen von etwa 680 – 740°C und Wandtemperaturen von etwa 400°C betrieben. Die Position im zweiten Zug sichert, dass noch ein Großteil der in die Gasphase übergegangenen korrosiven Spezies im Abgas ist. Die Wandtemperatur ist so gewählt, dass zum einen eine ausreichende Triebkraft für die Kondensation von Salzschmelzen auf der Sondenoberfläche vorhanden ist, zum anderen die Salzschmelzen noch ausreichend beweglich sind, so dass die Diffusion der Salzschmelzen auf der Oberfläche noch nicht behindert ist.

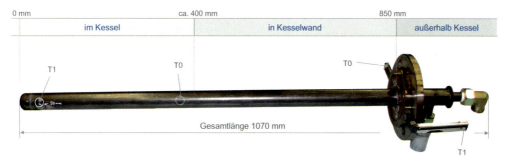

Bild 3: Materialsonde für Korrosionsuntersuchungen

So günstige Bedingungen für eine intensive Korrosion werden in thermischen Anlagen zurzeit noch keinen Wärmeübertragerflächen zugemutet. Sollten Schichtsysteme unter diesen Bedingungen einen ausreichenden Korrosionsschutz bieten, würden diese sich zum einen für Anwendungen empfehlen, bei denen mit Cladding bisher kein ausreichender Schutz realisiert werden kann, zum anderen würden diese Schichtsysteme die Möglichkeit eröffnen, höhere Dampfparameter und somit höhere exergetische Wirkungsgrade bei gleich bleibenden Wartungsaufwand zu realisieren.

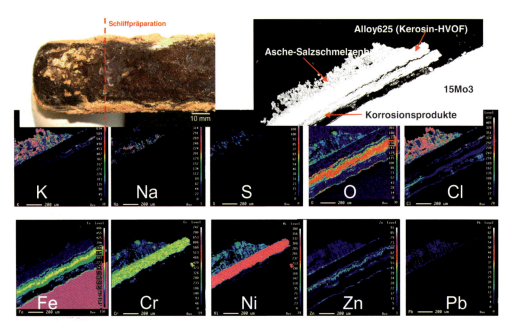

Bild 4: Analysenergebnisse an der angeströmten Seite der Spitze einer beschichteten Materialsonde nach 670 Betriebsstunden

In Bild 4 ist die angeströmte Seite einer Materialsonde dargestellt, auf welche eine 380µm starke Schicht aus Alloy 625 mittels Hochgeschwindigkeitsflammspritzen aufgebracht wurde und welche 670 Betriebsstunden den extremen Bedingungen im Zug 2 ausgesetzt wurde. Die Haftung des auf der angeströmten Seite aufliegenden lockeren Gemisches aus Asche und Salzschmelzen zum Substrat war so gering, dass es bei der Entnahme aus dem Kessel teilweise entfernt wurde. Im Schliff erkennt man, dass die aufgespritzte Schicht großflächige Abplatzungen aufweist, jedoch als Schicht selber kaum Schädigungen zeigt. Der auf der Schicht verbliebene Belag besteht vorwiegend aus Kaliumchlorid. Zwischen der Schicht und dem Substrat befinden sich überwiegend Eisenoxid und nur etwas Zinkchlorid. In Substratnähe ist Zinkchlorid und Eisenchlorid zu finden. Die thermisch gespritzte Schicht hat hier nur bedingt die Korrosion vermindert, die Elementverteilung weist auf den Mechanismus der Hochtemperaturchlorkorrosion hin. Auf der abgeströmten Seite ist eine sehr fest haftende Schicht zu erkennen. Die Analyse des im Schliff noch vorhandenen Asche – Salzschmelzenbelages zeigt, dass unmittelbar an der Schicht sich ein Kalium-, Natrium- Zinksulfatgemisch befindet, in welchem Bleichlorid eingelagert ist. Es ist fast kein Material des Substrates und der Spritzschicht im Belag zu finden, die thermisch gespritzte Schicht hat hier die Korrosion weitgehend verhindert.

Korrosion in thermischen Anlagen

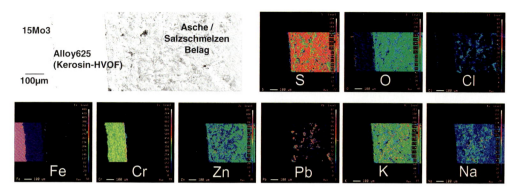

Bild 5: Analysenergebnisse an der abgeströmten Seite der Spitze einer beschichteten Materialsonde nach 670 Betriebsstunden

In einem Winkel von etwa 30° zur Anströmrichtung werden einzeln stehende Rohre am stärksten beansprucht.

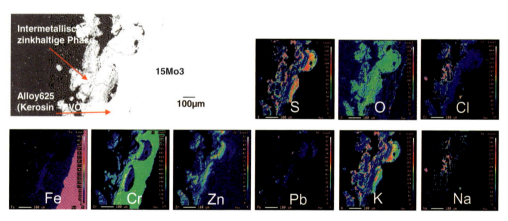

Bild 6: Analysenergebnisse 30° zur Anströmrichtung an der Spitze einer beschichteten Materialsonde nach 670 Betriebsstunden

Bei der Analyse einer solchen Stelle konnte festgestellt werden, dass die thermisch gespritzte Schicht noch fest mit dem Substrat verbunden ist, keine Korrosion des Substrates festzustellen ist, die Schicht selber jedoch angegriffen ist. Der schichtnahe Belag besteht überwiegend aus Kaliumsulfat. Mit zunehmender Entfernung von der Schicht erhöht sich die Konzentration an Natriumchlorid im Belag. Außerhalb der Schicht sind Bereiche erkennbar, in denen Zink, Chrom, Molybdän und Nickel (Molybdän und Nickel nicht in Bild 6 aufgeführt) in höheren Konzentrationen quasi homogen verteilt vorliegen. Aufgrund dieser Bereiche ist zu vermuten, dass der Materialverlust über die Bildung leicht abtragbarer poröser intermetallischer Phasen erfolgte. Das hier dargestellte Beispiel zeigt, dass thermisch gespritzte Schichten einen Korrosionsschutz darstellen können, die Anforderungen an die Korrosionsschutzmaßnahme bei jedem Anwendungsfall und lokal innerhalb eines Anwendungsfalles sehr verschieden sein können. Durch die Vielzahl möglicher Schichtwerkstoffe und Beschichtungsparameter bietet das thermische Spritzen die Möglichkeit, für die meisten Korrosionsprobleme Schutzschichten bereitstellen zu können.

8 Zusammenfassung

Neben dem Verschleiß stellt die Korrosion die häufigste Ursache für eine Oberflächenschädigung eines Bauteils dar. In thermischen Anlagen zur Verwertung von Nichtstandardbrennstoffen bestehen sehr günstige Bedingungen für die Korrosion. Dies ist zum einen durch den höheren Anteil von Problemelementen im eingesetzten Brennstoff und zum anderen durch die gewünschte Nutzung der Enthalpie der Rauchgase begründet. Durch die Beschichtung von besonders korrosionsgefährdeten Bauteilen kann die Lebensdauer dieser Bauteile erheblich erhöht werden. Bewährt haben sich hierbei auftragsgeschweißte Schichten aus Nickelbasislegierungen. Diese Art der Beschichtung ist relativ teuer und ist nicht für alle korrosionsgefährdeten Bauteile geeignet. Eine viel versprechende Alternative zum Auftragsschweißen bietet die Technologie des Thermischen Spritzens. Sie ermöglicht zum einen eine Verringerung der notwendigen Schichtdicke und des spezifischen Arbeitsaufwandes zur Beschichtung, wodurch die spezifischen flächenbezogenen Kosten gesenkt werden können, zum anderen ist durch eine Verlagerung der Haftungsmechanismus der Schicht auf dem Grundwerkstoff die Diffusion des Grundwerkstoffes in den Schichtwerkstoff viel stärker gehemmt als beim Auftragsschweißen. Im Rahmen von Versuchen mit Materialsonden sind die für den jeweiligen Anwendungsfall notwendigen Schichtwerkstoffe und Beschichtungsparameter zu ermitteln. Durch die Vielzahl möglicher Schichtwerkstoffe und Beschichtungsparameter bietet das thermische Spritzen die Möglichkeit, für die meisten Korrosionsprobleme Schutzschichten bereitstellen zu können.

9 Literatur

[1] Spiegel, M. (2002): Hochtemperaturkorrosion in der Müllverbrennung. In: Hochlegierte Werkstoffe – Korrosionsverhalten und Anwendung; 5. Dresdner Korrosionsschutztage 2001; TAW-Verlag Wuppertal (2002); 507-521

[2] Bendix, D., Faulstich, M., Metschke, J.: Korrosion in Anlagen zur thermischen Abfallbehandlung. Müll und Abfall 3/2005 S. 137 – 142

[3] Herzog, T., Magel, G., Müller, W., Schmidl, W., Spiegel, W.: Korrosion von niedrig legiertem Stahl; Fachtagung: Thermische Abfallverwertung, Mannheim, 11. - 12. Mai 2004, Beitrag verfügbar unter: www.chemin.de

Martin Faulstich [Hrsg.]

Fachtagung Verfahren & Werkstoffe für die Energietechnik

Band 1 – Energie aus Biomasse und Abfall

Stand und Perspektiven der Biogasnutzung

Dipl.-Chem. Markus Ott, Dr. Claudius da Costa Gomez

Fachverband Biogas e.V.

Freising

ATZ Entwicklungszentrum, Sulzbach-Rosenberg

Verlag Förster Druck und Service, Sulzbach-Rosenberg

1 Einleitung

Bundesweit sind derzeit ca. 2500 Biogasanlagen in Betrieb. Die Branche wird nach Schätzung des Fachverband Biogas e.V. im Jahr 2005 voraussichtlich 490 Millionen Euro in die Errichtung von Neuanlagen und die Erweiterung bestehender Anlagen investieren. Allein in Bayern sind aktuell rund 800 Biogasanlagen am Netz, weitere 400 Anlagen werden in den nächsten 12 Monaten ans Netz gehen. Nach Angaben der bayerischen Landesanstalt für Landwirtschaft sind zusätzlich über 1000 Biogasanlagen in Bayern in der Vorplanung.

Diese Zahlen machen deutlich in welchem Tempo sich die Biogasnutzung zu einem ernstzunehmenden Wirtschaftsfaktor im ländlichen Raum entwickelt. Geht man davon aus, dass eine durchschnittliche bayerische Biogasanlage 300 Kilowatt elektrische Leistung hat und eine Vergütung von 16 Cent pro Kilowattstunde erhält, bekommt jede Biogasanlage, die 7500 Stunden im Jahr unter Volllast Strom produziert, eine Vergütung von 360.000 Euro pro Jahr. Von diesen Einnahmen fließt der größte Teil zurück in die Region, da Ausgaben für Arbeitskräfte, Wartung, Substratlieferungen und evt. auch Kapitaldienst in der Regel im Landkreis verbleiben. Neben der positiven Wirkung für die Landwirtschaft wird so die Wirtschaftskraft der Region durch die Biogasnutzung nachhaltig gestärkt.

Grundlage für diese Entwicklung ist das EEG in seiner novellierten Fassung vom August 2004. Wichtigste Neuerung in der Novelle ist die Einführung eines Energiepflanzenbonus für Biogasanlagen, die ausschließlich Gülle und Energiepflanzen vergären. Dies macht nun die gezielte Produktion von nachwachsenden Rohstoffen wie z.B. Gras, Mais oder Sonnenblumen zur Stromproduktion in Biogasanlagen wirtschaftlich interessant. Der Fachverband Biogas e.V. hatte sich seit Beginn des Jahres 2002 konsequent für die Einführung eines Bonus für die Nutzung nachwachsender Rohstoffe zur Erzeugung von Strom aus Biogas eingesetzt.

Einige Punkte sind im Gesetzestext des EEG nicht eindeutig formuliert, können aber aufgrund der Vorüberlegungen, der Begründung zum Gesetz, des Willens des Gesetzgebers und fachlicher Überlegungen präzisiert werden. Der Fachverband Biogas sieht es als eine seiner Aufgaben an, hier für die Akteure in der Praxis umsetzbare und sinnvolle Hinweise zur Umsetzung der EEG Novelle zu geben. Hierzu diskutieren wir die offenen Fragen mit unseren (Betreiber-) Mitgliedern, stehen nahezu kontinuierlich mit unserem juristischen Beirat im Austausch und führen Gespräche mit Netzbetreibern. Im Folgenden wird der aktuelle Diskussionsstand zu den wichtigsten Fragen rund um die EEG Novelle wiedergegeben. Insofern sich Ergänzungen oder Änderungen zu diesen Fragen ergeben, werden diese vom Fachverband Biogas regelmäßig veröffentlicht.

2 Die Grundvergütung

In Bild 1 sind die wichtigsten Neuerungen für Biogasanlagen zusammengefasst dargestellt. Für Strom aus Biogasanlagen, die nach dem 31.12.2003 ans Netz gegangen sind, gelten nach § 21 Absatz 1 Ziffer 3 die Vergütungssätze für Biomasseanlagen nach § 8. Die festgelegten Mindestvergütungen werden nach § 12 Absatz 3 für die Dauer von 20 Jahren zuzüglich des Inbetriebnahmejahres gezahlt. Es wurde eine neue Schwelle bei 150 Kilowatt installierter elektrischer Leistung festgelegt für die eine Grundvergütung von 11,5 ct je Kilowattstunde (kW) elektrischer Strom gezahlt wird. Bis 500 kW wird dann 9,9 ct und darüber 8,9 ct je kW vergütet (Vergleiche Tabelle 1). Wichtig ist, dass anders als im alten EEG auch für größere Anlagen anteilig die höhere Vergütung unterhalb der Schwellenwerte gezahlt wird. Grundlage für die Grenzen zwischen den Vergütungsstufen ist nicht mehr die installierte Leistung sondern die theoretische Jahresleistung (z.B. bis 150 kW : 8760 Stunden * 150 kW = 1.314.000 kWh, der Jahresleistung, die nun mit 11,5 ct vergütet werden). Hierzu ist in § 12 Absatz 2 festgelegt, dass die Zeitstunden des jeweiligen Kalenderjahres (8760 Stunden) als Bemessungsgrundlage verwendet werden. Bei einer 250 kW Anlage würden somit immer 1.314.000 Kilowattstunden pro Jahr mit 11,5 ct und die weiteren eingespeisten Kilowattstunden mit 9,9 ct vergütet. Insbesondere für Biogasanlagenbetreiber, die eine Reserveleistung ihrer Blockheizkraftwerke (BHKW) vorhalten, ergibt sich damit eine „gerechtere" Schwellenwertregelung. Die Grundvergütung erhöht sich, wenn ausschließlich nachwachsende Rohstoffe im Sinne von § 8 Absatz 2 vergoren werden, eine sinnvolle Wärmenutzung außerhalb der Anlage stattfindet oder innovative Technologien im Sinne von § 8 Absatz 4 eingesetzt werden (Vergleiche Bild 1). Zu beachten ist, dass die in § 8 Absatz 5 festgelegte 1,5% Degression der Vergütung für Neuanlagen, die ab dem 1.1.2005 in Betrieb genommen werden, nur auf die Grundvergütung nicht aber auf die Boni zu beziehen sind.

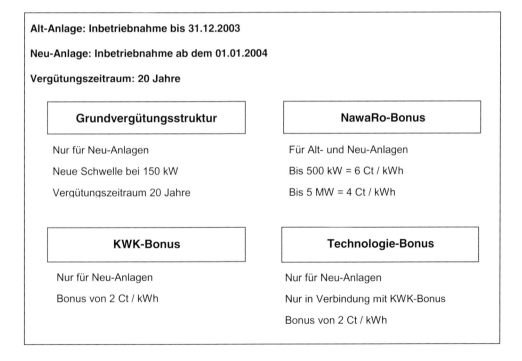

Bild 1:   Übersicht zur Vergütungssystematik in § 8 EEG

Tabelle 1: Vergütungsübersicht für Biomasseanlagen gemäß § 8 EEG:

		bis 150 kWel	bis 500 kWel	bis 5 MWel	über 5 MWel
Grundvergütung	Alt-Anlagen	wie bisher			
	Neu-Anlagen	11,5	9,9	8,9	8,4
NawaRo-Bonus	Alt-Anlagen	6	6	4	-
	Neu-Anlagen	6	6	4	-
KWK-Bonus	Alt-Anlagen	-	-	-	-
	Neu-Anlagen	2	2	2	2
Technologie-Bonus	Alt-Anlagen	-	-	-	-
	Neu-Anlagen	2	2	2	-

3 Der NawaRo Bonus

Der Energiepflanzenbonus beträgt bei Biogasanlagen bis einschließlich einer Leistung von 500 kW 6,0 ct/kWh und bei Biogasanlagen bis einschließlich einer Leistung von 5 MW 4,0 ct/kWh (vgl. § 8 Abs. 2 EEG). Wichtig ist, dass der Energiepflanzenbonus auch für Biogasanlagen gilt, die vor dem 01.01.2004 in Betrieb gegangen sind (vgl. § 21 Abs. 1 Nr. 5 EEG).

Die Vergütung für den Energiepflanzenbonus hat drei Voraussetzungen: Erstens muss der Strom ausschließlich aus – etwas vereinfacht – nachwachsenden Rohstoffen und/oder aus Gülle gewonnen werden. Zweitens muss dieser Stoffeinsatz mit einer öffentlich-rechtlichen Genehmigung oder vom Anlagenbetreiber durch ein Einsatzstoff-Tagebuch mit Angaben und Belegen über Art, Menge und Herkunft der eingesetzten Stoffe nachgewiesen werden, und drittens dürfen auf dem selben Betriebsgelände keine Biomasseanlagen betrieben werden, in denen Strom aus sonstigen Stoffen gewonnen wird. Mit dieser Regelung des Energiepflanzenbonus will der Gesetzgeber einen Beitrag zur Erschließung nachwachsender Rohstoffe zur energetischen Nutzung leisten, andererseits mit der Regelung der Nachweispflicht und dem Ausschluss sonstiger Biomasseanlagen auf einem Betriebsgelände von vornherein Missbrauch verhindern. Das Betriebsgrundstück, auf dem die Biomasseanlage steht, ist funktional, nicht nach dem Bürgerlichen Gesetzbuch zu definieren. Selbst wenn eine Biomasseanlage auf verschiedenen Flurstücken steht, die unterschiedlichen Eigentümern gehören, wäre von einem Betriebsgrundstück auszugehen, wenn die Flurstücke eine wirtschaftliche Einheit darstellen würden. Dagegen kann auch ein Grundstück eines Eigentümers mehrere Betriebsgrundstücke darstellen, wenn die Teilflächen unterschiedlichen Betrieben dienen. (Vgl. Schäfermeier 2004:

"Die Novellierung des Erneuerbare–Energien-Gesetz", Biogas Journal Nr. 1/2004, S. 9ff., Freising)

Die Definition der Einsatzstoffe gemäß § 8 Absatz 2 EEG erfolgt im Gesetzestext hinreichend deutlich, um den Willen des Gesetzgebers klar zu machen: Es soll eine zusätzliche Vergütung für Einsatzstoffe gezahlt werden, deren Produktion Kosten verursacht. Die im Gesetzestext definierten Ausnahmen - Gülle, Schlempe aus landwirtschaftlichen Brennereien und Landschaftspflegegrün - stellen klar, dass nur diese Stoffe dieser generellen Logik nicht folgen. Vor diesem Hintergrund kann eine Präzisierung der in § 8 Absatz 2 Ziffer 1 Buchstabe a) definierten "Pflanzen und Pflanzenbestandteilen" vorgenommen werden. Der Fachverband Biogas hat gemeinsam mit der Bayerischen Landesanstalt für Landwirtschaft, Institut für Agrarökonomie in München daher bereits im Juni 2004 eine beispielhafte Einsatzstoffliste veröffentlicht. Diese Liste hat inzwischen eine breite Akzeptanz bei Biogasanlagenbetreibern, Behördenvertretern und Netzbetreibern gefunden (vgl. Tabelle 2).

Nach intensiver politischer und juristischer Prüfung hat sich gezeigt, dass der in ersten juristischen Interpretationen festgelegte Ausschluss des Handels von nachwachsenden Rohstoffen so nicht mehr aufrechterhalten werden muss. Der Fachverband Biogas empfiehlt Biogasanlagenbetreibern daher abweichend von der ersten Version der Stoffliste folgende Vorgehensweise:

NawaRo können grundsätzlich auch von einem Händler gekauft werden, es muss jedoch sichergestellt sein, dass der NawaRo

- kein Abfall im Sinne des Kreislaufwirtschafts- und Abfallgesetzes (KrW-/AbfG) ist (Ausnahme im Rahmen der Landschaftspflege angefallenen Pflanzen und Pflanzenteile) und
- keiner weiteren als der zur Ernte, Konservierung oder Nutzung in der Biomasseanlage erfolgte Veränderung unterzogen wurde.

Um dies zu gewährleisten, sollte sich der Anlagenbetreiber auf Lieferschein und Rechnung die exakte Bezeichnung:

"Energiepflanzen gemäß § 8 Absatz 2 EEG, die keiner weiteren Aufbereitung oder Veränderung als zur Ernte, Konservierung oder Nutzung in der Biomasseanlage unterzogen wurden"

bescheinigen lassen. Bei der Lieferung der Ware sollte der Anlagenbetreiber eine Sichtkontrolle vornehmen und auch eine Rückstellprobe nehmen. Die Rückstellprobe sollte vom Lieferanten (Fahrer des Wagens) durch eine Unterschrift bestätigt werden.

Aufbereitung für die Biogasanlage

Das Produkt darf in jedem Fall nur zur Lagerung und Verarbeitung in der Biomasseanlage aufbereitet werden. Hierzu zählen z.B. Trocknung, zur Lagerung notwendige Reinigung sowie Aussortierung von Steinen, Erde, Sand und Unkrautsamen. Der Fachverband Biogas empfiehlt, jegliche weitere Aufbereitung auf der Biomasseanlage bzw. dem zugehörigen landwirtschaftlichen Betrieb vorzunehmen und diese entsprechend im Einsatzstofftagebuch zu dokumentieren. Eine Aufbereitung durch Dritte macht eine Sichtkontrolle der Qualität

Tabelle 2: Beispielhafte und nicht rechtsverbindliche Liste von Stoffen, die zum Bezug des NawaRo-Bonus berechtigen. Erarbeitet vom Fachverband Biogas e.V. in Zusammenarbeit mit der Landesanstalt für Landwirtschaft, Institut für Agrarökonomie, München; Ergänzt gegenüber der 1. Fassung vom 9.6.2004, Stand 1.1.2005.

Positivliste	Negativliste
Kot und/oder Harn	
Kot und/oder Harn einschließlich Einstreu von <u>Nutztieren,</u> vom eigenen landwirtschaftlichen Betrieb oder von anderen landwirtschaftlichen Betrieben, sofern nach Ansicht der zuständigen Behörden keine Gefahr der Verbreitung einer schweren übertragbaren Krankheit besteht. <u>Nutztiere</u> sind Tiere die von Menschen gehalten, gemästet oder gezüchtet und zur Erzeugung von Lebensmitteln (wie Fleisch, Milch und Eiern) oder zur Gewinnung von Wolle, Pelzen, Federn, Häuten oder anderen Erzeugnissen tierischen Ursprungs genutzt werden. <u>Nutztiere sind dementsprechend:</u> Rinder, Schweine, Schafe, Ziegen, Geflügel, ...	Kot und/oder Harn einschließlich Einstreu von <u>Heimtieren</u>. <u>Heimtiere</u> sind Tiere von Arten, die normalerweise von Menschen zu anderen Zwecken als zu landwirtschaftlichen Nutzzwecken gefüttert und gehalten, jedoch nicht verzehrt werden. <u>Heimtiere sind dementsprechend:</u> Pferde, Zoo- und Zirkustiere, ...
Schlempe	
Schlempe aus einer <u>landwirtschaftlichen Brennerei</u>, für die nach § 25 des Gesetzes über das Branntweinmonopol keine anderweitige Verwertungspflicht besteht. <u>Landwirtschaftliche Brennereien</u> können als Einzelbrennerei oder als Gemeinschaftsbrennerei betrieben werden. Eine Einzelbrennerei muss folgende Bedingungen erfüllen: Die Brennerei muss mit einem landwirtschaftlichen Betrieb verbunden sein (Brennereiwirtschaft). Brennerei und Landwirtschaft müssen für Rechnung desselben Besitzers betrieben werden. In der Brennerei dürfen nur Kartoffeln und Getreide verarbeitet werden. Die Rückstände des Brennereibetriebes müssen restlos an das Vieh der Brennereiwirtschaft verfüttert werden. Aller Dünger, der während der Schlempefütterung anfällt, muss auf den Grundstücken der Brennereiwirtschaft verwendet werden. Die Verpflichtung zur Schlempe- und Düngerverwertung entfällt, wenn in der Brennerei während des Betriebsjahres überwiegend Rohstoffe verarbeitet werden, die selbstgewonnen sind. Für Gemeinschaftsbrennereien gelten sinngemäß dieselben Bedingungen.	Schlempe aus nicht landwirtschaftlichen Brennereien und Bioethanolfabriken.

Tabelle 2: Beispielhafte und nicht rechtsverbindliche Liste von Stoffen, die zum Bezug des NawaRo-Bonus berechtigen. Erarbeitet vom Fachverband Biogas e.V. in Zusammenarbeit mit der Landesanstalt für Landwirtschaft, Institut für Agrarökonomie, München; Ergänzt gegenüber der 1. Fassung vom 9.6.2004, Stand 1.1.2005.- Fortsetzung

Pflanzen oder Pflanzenbestandteile, die in landwirtschaftlichen, forstwirtschaftlichen oder gartenbaulichen Betrieben anfallen	
Ganzpflanzen, die keiner weiteren als der zur Ernte, Konservierung oder Nutzung in der Biomasseanlage erfolgten Aufbereitung oder Veränderung unterzogen wurden. In Form von Grüngut, Silage oder Trockengut können dies sein: Der Aufwuchs von Wiesen und Weiden, Ackerfutterpflanzen einschließlich als Ganzpflanzen geerntete Getreide, Ölsaaten oder Leguminosen, ... Nicht aufbereitete Gemüse, Heil- und Gewürzpflanzen, Schnittblumen, ...	Ganzpflanzen, die einer weiteren als der zur Ernte, Konservierung oder Nutzung in der Biomasseanlage erfolgten Aufbereitung oder Veränderung unterzogen wurden. Beispiele dafür sind: Gemüse, Heil- und Gewürzpflanzen, Schnittblumen, die zur weiteren Vermarktung getrocknet wurden, aussortierte Kartoffeln.
Pflanzenbestandteile, die keiner weiteren als der zur Ernte, Konservierung oder Nutzung in der Biomasseanlage erfolgten Aufbereitung oder Veränderung unterzogen wurden. In Form von Grüngut, Silage oder Trockengut können dies sein: Körner, Samen, Corn-Cob-Mix, Knollen, Rüben, Obst, Gemüse, ... Kartoffelkraut, Rübenblätter, Stroh, ...	Pflanzenbestandteile, die einer weiteren als der zur Ernte, Konservierung oder Nutzung in der Biomasseanlage erfolgten Aufbereitung oder Veränderung unterzogen wurden. Beispiele dafür sind: Getreideabputz, Rübenkleinteile und Rübenschnitzel als Nebenprodukt der Zuckerproduktion, Gemüseabputz, Kartoffelschalen, Pülpe, Treber, Trester, Presskuchen, Extraktionsschrote ...
Pflanzen oder Pflanzenbestandteile, die im Rahmen der Landschaftspflege anfallen (auch bei Gemeinden o.ä.)	
Beispiele sind Grünschnitt aus der Landschaftspflege, kommunaler Grasschnitt, Grünschnitt von Golf- und Sportplätzen sowie Privatgärten, u.ä..	

des gelieferten Inputstoffes nahezu unmöglich. Insofern die Aufbereitung dennoch außerhalb des Betriebes erfolgen soll, empfiehlt der Fachverband Biogas folgende Kriterien einzuhalten:

- lückenloser und nachvollziehbarer Nachweis über Herkunft und Aufbereitung der Energiepflanzencharge
- Schriftliche Bestätigung, dass der entsprechenden Charge keine weiteren Stoffe zugeführt wurden.

Darüber hinaus sollte festgehalten werden, dass der „Aufbereiter" das volle Haftungsrisiko für Verstöße gegen § 8 (2) EEG die aus seinen Lieferungen resultieren, übernimmt.

Der Nachweis über die Verwendung der nachwachsenden Rohstoffen kann nach § 8 Absatz 2 Ziffer 2 durch eine öffentlich rechtliche Genehmigung in der nur NawaRo im Sinne des EEG als Einsatzstoffe genehmigt sind oder ein Einsatzstofftagebuch, in dem Art, Menge und Herkunft der eingesetzten Stoffe festgehalten werden, erfolgen. Das Einsatzstofftagebuch kann nach Aussage einiger Netzbetreiber auch EDV geführt werden, in jedem Fall muss es dem Netzbetreiber in Original oder Kopie vorgelegt werden. Einige Netzbetreiber werden die Vorlage dieses Nachweises bis zum 28. Februar des jeweiligen Folgejahres fordern und werden damit drohen, dass bei Nichteinhaltung dieser Frist der Vergütungsanspruch erlischt. Nach Ansicht des Fachverband Biogas lässt sich dies nicht aus dem Gesetzestext entnehmen. Um eine reibungslose Abwicklung der Abrechnung zu gewährleisten, empfiehlt es sich jedoch in jedem Fall diese Frist einzuhalten. Damit der Anlagenbetreiber auch im Streitfall seine Einsatzstoffe verlässlich nachweisen kann, empfiehlt der Fachverband Biogas auch ein Einsatzstofftagebuch zu führen, wenn der Nachweis über die Verwendung der NawaRos über die Genehmigung erbracht wird.

<u>Sonderfall Pferdemist:</u> Nach § 8 (2) EEG erhält man für den Einsatz von Gülle im Sinne der Verordnung EG Nr. 1774/ 2002 den so genannten „NawaRo-Bonus". „Gülle" ist in der Verordnung EG Nr. 1774/ 2002 definiert als Exkremente und/oder Urin von Tieren, die von Menschen gehalten, gemästet oder gezüchtet und zur Erzeugung von Lebensmitteln (wie Fleisch, Milch und Eiern) oder zur Gewinnung von Wolle, Pelzen, Federn, Häuten oder anderen Erzeugnissen tierischen Ursprungs genutzt werden (Artikel 2 Abs. 1 Buchst. f der EG-VO Tierische Nebenprodukte). Pferde werden in diesem Zusammenhang als „Heimtiere" verstanden, deren Exkremente somit nicht unter die EG-VO Tierische Nebenprodukte fallen und auch den Nawaro-Bonus nicht erhalten. An dieser Sachlage hat sich bis jetzt nichts geändert. Auch aus Behördenkreisen kam es Ende 2004 vermehrt zu anders lautenden Meldungen. Solange aber keine neue rechtlich sichere Auslegung der Definition der „Gülle" vorliegt, rät der Fachverband Biogas dringend vom Einsatz von Pferdemist in einer „NawaRo-Anlage" ab.

4   KWK Bonus

Neben dem Innovationsbonus können Biogasanlagen, die Neuanlagen im Sinne des EEG sind, auch den so genannten Kraftwärme-Kopplungs (KWK) Bonus gemäß § 8 Absatz 3 in Höhe von 2 ct in Anspruch nehmen. Dieser Bonus wird für denjenigen Anteil an erzeugtem Strom vergütet von dem die gleichzeitig erzeugte Wärmemenge außerhalb der Biogasanlagen genutzt wird. Der Anteil errechnet sich entsprechend der in Bild 2 dargestellten Beispielsrechung, wobei der thermische und elektrische Wirkungsgrad und damit auch die Stromkennzahl abhängig vom verwendeten BHKW sind. Der Wärmebedarf im Fermenter ergibt sich von der individuellen Situation der Biogasanlage. Die Frage für welche Art der Wärmenutzung der KWK Bonus gezahlt wird, ist im Gesetz nicht festgelegt, lässt sich allerdings anhand des „Willen des Gesetzgebers" so eingrenzen, dass die Wärme auch benötigt würde, wenn keine Biogasanlage vorhanden wäre und stattdessen z.B. eine Hackschnitzelheizung installiert werden müsste.

Beispiele für eine sinnvolle Wärmenutzung sind: Heizung eines Wohnhauses, Getreidetrocknung, Hackschnitzeltrocknung, etc.

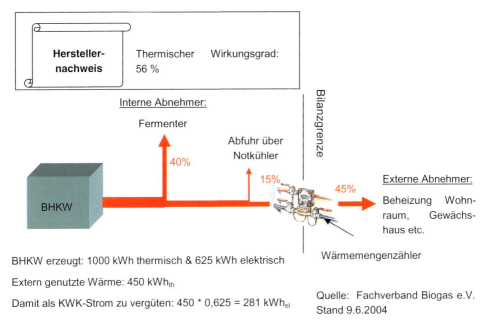

Bild 2: Schematische Darstellung zum KWK Bonus nach EEG

5 Innovationsbonus

Mit dem so genannten „Innovations-Bonus", der in § 8 Abs. 4 EEG geregelt ist, soll der spezifische Einsatz innovativer, besonders energieeffizienter und damit umweltschonender Anlagentechniken gefördert werden. Für Biomasseanlagen bis zu einer Leistung von 5 MW erhöht sich die Grundvergütung um weitere 2,0 Ct/kWh, wenn der Strom in Anlagen gewonnen wird, die auch in Kraft-Wärme-Kopplung betrieben werden, und die Biomasse durch thermochemische Vergasung oder Trockenfermentation umgewandelt, das zur Stromerzeugung eingesetzte Gas aus Biomasse auf Erdgasqualität aufbereitet worden ist oder der Strom mittels Brennstoffzellen, Gasturbinen, Dampfmotoren, Organic Rankine-Anlagen, Mehrstoffgemisch-Anlagen, insbesondere Kalina-Cycle-Anlagen oder Stirling-Motoren gewonnen wird. Der so genannte „Technologie-Bonus" gilt nur für Biomasseanlagen, die nach dem 31.12.2003 in Betrieb genommen worden sind. (Vgl. Schäfermeier 2004: „Die Novellierung des Erneuerbare–Energien-Gesetz", Biogas Journal Nr. 1/2004, S. 9ff., Freising).

Im Rahmen der aktuellen Diskussion ergeben sich Fragen zur Definition der Trockenfermentation. In der Begründung zum EEG wird hier von „stapelbaren" nicht pumpfähigen Substraten mit einem Trockensubstanzgehalt von mehr als 30% gesprochen. Diese Definition trifft sicher eindeutig auf die im Biogasbereich klassisch als Trockenfermentationsverfahren bezeichneten „Batch"-Verfahren zu, in denen das stapelfähige Substrat in Container eingebracht und in der Regel durch eine Perkolationsflüssigkeit mit methanogenen Bakterien inokuliert wird. In wieweit auch andere Verfahren als Trockenfermentation anzusehen sind, wird in der Fachöffentlichkeit derzeit diskutiert.

6 Einsatz von Zünd- und Stützfeuerung

Nach § 8 Abs. 6 EEG bleibt die notwendige Zünd- und Stützfeuerung aus konventionellen Energieträgern für Strom aus Biogasanlagen, die bis zum 31.12.2006 in Betrieb gehen, zulässig. Der notwendige Zünd- und Stützfeuerungsanteil muss mit den Vergütungssätzen des EEG bezahlt werden und zwar auch nach dem 31.12.2006. Das bedeutet, dass insbesondere die gesetzlich vorgesehene Mindestvergütung nicht um den Zünd- und Stützfeuerungsanteil gekürzt werden darf. In welchem Maß die Stützfeuerung notwendig ist, hängt von der spezifischen Situation in der Anlage ab. In jedem Fall muss der Anlagenbetreiber immer bemüht sein den Anteil der fossilen Zünd- und Stützfeuerung so gering zu halten, dass die optimale Nutzung der Biomasse gewährleistet ist.

Teile des Manuskriptes sind bereits im Tagungsband zur 14. Jahrestagung des Fachverband Biogas e.V., 11.-14. Januar 2005 in Nürnberg veröffentlicht worden. Der Fachverband Biogas e.V. veröffentlicht regelmäßig neue Informationen zu Umsetzungsfragen des EEG auf seiner Internetseite: www.biogas.org, sowie im „Biogas Journal".

Martin Faulstich [Hrsg.]

Fachtagung Verfahren & Werkstoffe für die Energietechnik
Band 1 – Energie aus Biomasse und Abfall

Energie aus nachwachsenden Rohstoffen

Carl Graf zu Eltz

Fensterbach

Dr. Stephan Prechtl

ATZ Entwicklungszentrum

Sulzbach-Rosenberg

ATZ Entwicklungszentrum, Sulzbach-Rosenberg

Verlag Förster Druck und Service, Sulzbach-Rosenberg

1 Vorstellung der Biogasanlage

Die landwirtschaftliche Biogasanlage Wolfring wird seit November 2002 als Vergärungsanlage von Wirtschaftsdüngern und Nachwachsenden Rohstoffen betrieben. Das Besondere an der Anlage ist die Nutzung von Hähnchenmist als Hauptsubstrat (50 – 60%) zur Biogasproduktion. Des Weiteren werden in der Anlage Getreide, Silomais, Raps, Kartoffeln, Grassilage und andere Nachwachsende Rohstoffe vergoren. Bild 1 zeigt Fotos ausgewählter Substrate.

Bild 1: Verlustfreier Silomais mit Folienabdeckung und Grassilage im Vordergrund; Hähnchenmist (rechtes Foto)

Die Inbetriebnahme und das Anfahren des Fermenters wurde durch das ATZ Entwicklungszentrum durchgeführt und technisch/wissenschaftlich begleitet.

Der erste Fermenter wurde unter der Zielsetzung einer Vergärung mittels thermophiler Biozönose in Betrieb genommen. Das nachfolgende Bild 2 zeigt Fotos des im Jahr 2002 zuerst errichteten Fermenters.

Bild 2: Fermenter 1 mit überdachter Substratannahme und BHKW Container; Substratentnahme und Verwiegung mit dem Futtermischwagen (rechts, rechter Bildrand)

Im Jahr 2004 erfolgte eine Erweiterung der Anlage um einen zweiten Fermenter und ein zweites Endlager, die in Bild 3 dargestellt ist.

Bild 3: Fermenter 2 mit offener Substratannahme im Boden versenkt und Endlager (rechts)

Den beiden liegenden, rechteckig ausgeführten Biogasreaktoren mit einem Nutzvolumen von 700 und 950 m³ wird nur feste (schüttfähige) Biomasse zugeführt. Die Aufbereitung des Substrates erfolgt mit dem in Bild 4 gezeigten Futtermischwagen, der in einen Vorlagebunker abgekippt wird.

Bild 4: Futtermischwagen und Abkippbunker (rechtes Bild, links unten)

Die Zufuhr der Substrate erfolgt ohne Anmaischen mittels eines Feststoffwolfes KUE 66/500/22 der Fa. PlanET. Hierbei handelt es sich um einen – optional mit einer hydraulisch bewegbaren Abdeckung versehenen – Schubbodencontainer mit anschließendem Presskolbensystem.

Das Gärsubstrat der Biogasreaktoren wird nach einer durchschnittlichen Verweilzeit von etwa 50 Tagen über eine Dickstoffpumpe einem Separator (Fa. FAN) zugeführt (Bild 5).

Bild 5: Separator zur fest-flüssig Trennung des Gärsubstrats (rechts Feststoff-Phase)

Der Separator trennt das vergorene Substrat in zwei Stoffströme, eine flüssige Phase („Wasserüberschuss") mit etwa 4% TS und einen Anteil von fester, nicht umgesetzter Biomasse (Gärrest mit etwa 25 – 30% TS). Der verbleibende feste Gärrest wird landwirtschaftlich verwertet. Die flüssige Phase wird in das Endlager geleitet.

Das erzeugte Biogas wird durch das BioSulfex®-Verfahren des ATZ Entwicklungszentrums effektiv entschwefelt und in einem Blockheizkraftwerk mit 330 kW elektrischer und 420 kW thermischer Leistung zur Gewinnung von Strom und Wärme eingesetzt. Das Bild 6 zeigt Fotos von BHKW und BioSulfex®-Verfahren.

Bild 6: BioSulfex®-Verfahren und BHKW (rechts)

Durch Beheizung eines Schlosses, der vorhandenen Gärtnerei, zweier Getreidetrocknungen und der Hackschnitzeltrocknung im Sommer erfolgt eine komplette Wärmenutzung. Mit der Verwendung von Hähnchenmist als Hauptsubstrat ist auf Grund des hohen Proteinanteils eine hohe Stickstoffbelastung des Fermenters verbunden. Die Zusammensetzung des verwendeten Hähnchenmists zeigt Tabelle 1.

Tabelle 1: Zusammensetzung des verwendeten Hähnchenmists

TS [%]	oTS [%TS]	TN [kg/Mg]
70 - 75	85 - 90	25 - 30

Bedingt durch die anaeroben Abbauvorgänge sind somit sehr hohe Ammoniumkonzentrationen und damit auch sehr hohe Ammoniakkonzentrationen im Fermenter zu erwarten, was hinsichtlich der Stabilität des Betriebes zu Problemen führen kann.

2   Anaerober Abbau von Proteinen

Der anaerobe biologische Abbau von Proteinen erfordert eine Vergesellschaftung verschiedener anaerober Bakteriengruppen, die das entsprechende Substrat schrittweise über syntrophe, stoffwechselphysiologisch und energetisch bedingte Wechselwirkungen zu Biogas umsetzen.

Das Schema für den anaeroben Abbau von Proteinen, biologischen Makromolekülen, die gelöst oder in fester Form vorliegen können, ist in Bild 7 dargestellt.

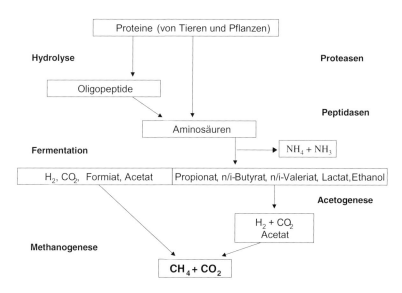

Bild 7: Anaerober Abbau von Proteinen

Wie alle hochmolekularen Substanzen müssen auch die Proteine außerhalb der Zelle in zellmembran-permeable Spaltstücke gespalten werden. Dies geschieht durch verschiedene Proteasen, die von den säurebildenden fermentativen Bakterien ausgeschieden werden. Die Versäuerung von proteinreichem Substrat führt trotz Erhöhung der Säurekonzentration nicht zu einem Abfall des pH-Wertes, da der bei der Desaminierung entstandene, als starke Base wirkende Ammoniak neutralisierend wirkt. Der organisch gebundene Stickstoff wird während des anaeroben Abbaus hauptsächlich zu Ammonium-Stickstoff umgesetzt. Das Gleichgewicht zwischen Ammonium-Stickstoff und freiem Ammoniak ist sowohl pH-Wert- als auch temperaturabhängig. Deshalb verschiebt sich bei höheren pH-Werten und höheren Temperaturen das Gleichgewicht zu Gunsten des auf die Mikroorganismen toxisch wirkenden freien Ammoniaks.

3 Erfahrungen beim Betrieb der Biogasanlage

Die Biogasanlage wird seit November 2002 betrieben. Der Betrieb erfolgte zu Beginn der Untersuchungen im Temperaturbereich zwischen 50 und 55°C.

Als Inputmaterial wurde zu etwa 50 bis 60% Hähnchenmist mit einem Stickstoffgehalt von 25 bis 30 kg/Mg eingesetzt. In Folge dessen sind durch die anaeroben Abbauvorgänge sehr hohe Ammoniumkonzentrationen und damit auch sehr hohe Ammoniakkonzentrationen im Fermenter zu erwarten. Um unter diesen Umständen einen stabilen Betrieb der Vergärung zu gewährleisten, ist die regelmäßige Kontrolle der wichtigsten Parameter (Temperatur, pH, NH$_4$-N, organische Säuren) erforderlich. Bild 8 zeigt die Ganglinien der Temperatur, des pH-Wertes und der NH4-N-Konzentration, sowie den täglichen Stromertrag der Biogasanlage während der ersten 200 Betriebstage.

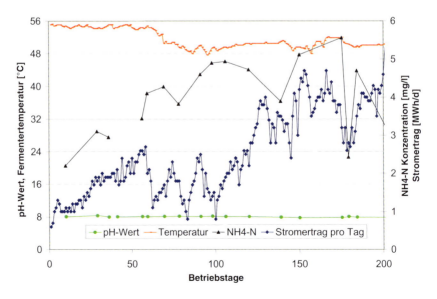

Bild 8: Ganglinie pH-Wert, Temperatur, NH$_4$-N Konzentration, Stromertrag

Aus Bild 8 wird ersichtlich, dass sich aufgrund des hohen Protein- und damit Stickstoffgehaltes im Rohmaterial pH-Werte von etwa 8 einstellen. Die beim anaeroben Abbau entstehenden Aminosäuren und der freiwerdende Ammonium-Stickstoff bewirken zudem eine starke Pufferkapazität des Systems.

Die Biogasanlage wurde von Beginn an im Grenzbereich der NH_3-N-Belastung angefahren, um somit eine möglichst effektive Adaption der Bakterienbiozönose an die zu erwartenden hohen NH_3-N-Konzentrationen zu erreichen. Während der ersten 50 Betriebstage ergaben sich, bei einer Temperatur von 55°C und einem pH-Wert von 8, NH_3-N -Konzentrationen zwischen 0,57 und 0,85 g/l. Diese Konzentrationen liegen um etwa 2 bis 3-mal höher, als in der Literatur (Dornack, 2000) für eine hemmende Konzentration an freiem NH3-N für unadaptierte Biozönosen angegeben wird. Trotzdem war unter diesen Bedingungen eine kontinuierliche Steigerung des Stromertrages auf etwa 2,5 MW pro Tag realisierbar. Die Konzentrationen an organischen Säuren lagen in den ersten 50 Tagen in der Summe im Bereich von 5 bis 7 g/l, wobei etwa 75 bis 85% als Essig- oder Propionsäure vorlagen.

Eine weitere Erhöhung der täglichen Substratzugabe ab Tag 55 bis 60 hatte einen Anstieg der freien NH_3-N-Konzentration auf Konzentrationen zwischen 1,0 und 1,22 g/l zur Folge. In diesem Zeitraum stieg auch die Konzentration an organischen Säuren in der Summe auf etwa 9 g/l an. Die Folge war eine Überlastung des Systems und damit ein Abfallen des Stromertrages in der Folgezeit auf Werte bis kleiner 1 MWh pro Tag. Mit der Überlastung des Systems war auch das Auftreten von Schaumproblemen verbunden. Um den Prozess wieder zu stabilisieren wurde in der Folgezeit zunächst die Zugabe von Hähnchenmist und somit auch die Stickstoffzugabe leicht reduziert. Des Weiteren wurde die Temperatur auf etwa 50°C reduziert, da damit eine Reduzierung der freien NH_3-N-Konzentration bei gleichen NH_4-N-Konzentrationen im Fermenter verbunden ist.

Durch diese Maßnahmen und eine erneute Steigerung der Substratzugabe konnte die Biozönose an NH_4-N-Konzentrationen von bis zu 5 g/l und damit NH_3-N-Konzentrationen von bis zu 1,15 g/l adaptiert werden. Diese Konzentration an freiem NH_3-N liegt somit knapp oberhalb der von Hansen et al. [1998] angegebenen Obergrenze für hemmende NH_{-3}-N-Konzentration für adaptierte Biozönosen.

Die tägliche Zugabe an Substrat betrug im Zeitraum von Tag 175 bis 200 etwa 10 Mg pro Tag. Die Substrate verteilen sich zu etwa 5 bis 6 Mg Hähnchenmist und zu je etwa 2 bis 2,5 Mg Maissilage und Kartoffeln. Die theoretische Methanproduktion hierfür liegt bei etwa 1.200 bis 1.400 m³ Methan pro Tag. Die gemessene Biogasproduktion im Zeitraum zwischen Tag 175 und 200 betrug zwischen 2.000 und 2.750, in der Spitze wurden sogar mehr als 3.000 m³ Biogas pro Tag gemessen.

Dies bedeutet, bei einer Methankonzentration im Biogas von etwa 50%, eine fast vollständige anaerobe Umsetzung der Substrate. Daraus lässt sich ableiten, dass eine Adaptation der am Abbau beteiligten Mikroorganismen stattgefunden hat, die die anaerobe Umsetzung der Substrate bei hohen Stickstoffgehalten möglich macht.

4 Fazit und Ausblick

Der thermophile Betrieb einer Biogasanlage in der als Hauptsubstrat Hähnchenmist eingesetzt wird, ist grundsätzlich möglich. Es hat sich gezeigt, dass im Fermenter Konzentrationen an freiem NH_3-N von bis zu 1,15 g/l zu keiner Hemmung des anaeroben Abbaus bzw. der Biogasproduktion führten.

Ermöglicht wurde dies durch die ständige wissenschaftliche Unterstützung von ATZ Entwicklungszentrum. Hierdurch konnte das System während der Adaptionsphase von 6 bis 8 Monaten ständig im Grenzbereich der NH_3-N-Konzentrationen gehalten werden, was zur Ausbildung der angegebenen großen NH_3-N-Toleranz der Bakterienbiozönose führte.

Die Einfahrphase des Fermenters und die damit verbundene Adaption der Bakterienbiozönose an die extrem hohen Stickstoffbelastungen wurde erfolgreich abgeschlossen. Als weiterer Schritt erfolgt eine Absenkung der Temperatur auf etwa 40°C und eine Reduktion des Anteils an Hähnchenmist auf etwa 40 bis 35%. Die wichtigsten Prozessparameter werden auch zukünftig intensiv überwacht.

Der zweite liegende Fermenter mit 1.000 m³ Volumen ist seit August 2004 in Betrieb. Dadurch hat sich die Leistung auf 7,9 MW täglich erhöht.

Der neue Nachgärbehälter mit 2.000 m³ Fassungsvermögen in runder Ausführung mit Betondecke ist in der Fertigstellung. Er dient zur Lagerung und weiteren Vergärung des Gärrestes der beiden parallel betriebenen Fermenter.

Weiterhin ist an der Biogasanlage von Carl Graf zu Eltz ein Forschungsvorhaben mit dem ATZ Entwicklungszentrum geplant, bei dem ein innovatives Verfahren zur Feststoffvergärung von Wirtschaftsdüngern und Nachwachsenden Rohstoffen untersucht werden soll.

5 Literatur

[1] Dornack, C.: Möglichkeiten der Optimierung bestehender Anlagen am Beispiel Plauen / Zobes; Anaerobe biologische Abfallbehandlung, TU Dresden, Beiträge zur Abfallwirtschaft, Band 12, 2000 S. 107-124

[2] Hansen, K.H., Angelidaki, I., Ahring, B.K.: Anaerobic digestion of swine manure: inhibition by ammonia; Wat. Res. Vol. 32, No. 1, 1998, pp 5-12

Martin Faulstich [Hrsg.]

Fachtagung Verfahren & Werkstoffe für die Energietechnik

Band 1 – Energie aus Biomasse und Abfall

Energie aus Abfällen

Dr.-Ing. Ottomar Rühl, Uwe Kausch

Kompostwerk Göttingen GmbH

Göttingen

ATZ Entwicklungszentrum, Sulzbach-Rosenberg

Verlag Förster Druck und Service, Sulzbach-Rosenberg

1 Einleitung

Die Kompostwerk Göttingen GmbH wurde als Public Private Partnership (PPP)-Modell von der Stadt Göttingen (51%) und der UMWELTSCHUTZ NORD GmbH & Co. KG (49%) 1992 gegründet.

Ihr wurde als Betreiberin des Kompostwerkes Göttingen die Verarbeitung der aus der Getrenntsammlung anfallenden Bioabfälle aus der Stadt Göttingen übertragen. Das 1998/1999 errichtete Kompostwerk, das im Intensivrottebereich mit dem von der Mitgesellschafterin UMWELTSCHUTZ NORD entwickelten BIOFERM®-Verfahren ausgerüstet wurde, verfügt über eine genehmigte Verarbeitungskapazität von 22.500 t/a und wurde am 01.06.1999 offiziell in Bertieb genommen.

Bild 1: Anlagenschema mit BIOFERM®-Intensivrotte

Inzwischen ist nach der Insolvenz der Mitgesellschafterin UMWELTSCHUTZ NORD GmbH & Co. KG die Stadt Göttingen alleinige Gesellschafterin der Kompostwerk Göttingen GmbH.

2 Bisheriger Anlagenbetrieb

Schon bald nach der Inbetriebnahme der Anlage und dem Erreichen der Normkapazität ab August 1999 wurde deutlich, dass durch zum Teil gravierende technische Mängel die Betriebskosten das geplante Niveau erheblich überstiegen, vor allem durch den explosionsartigen Anstieg der Wartungs- und Instandhaltungskosten im Intensivrottebereich.

Energie aus Abfällen

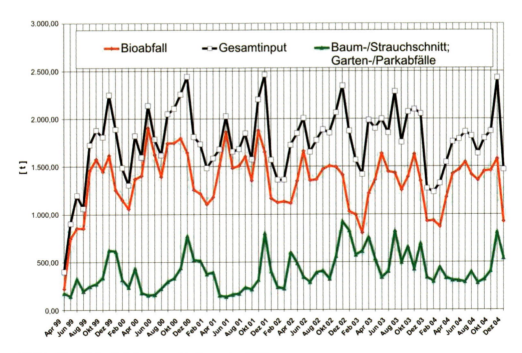

Bild 2: Monatliche Anlieferungen bis Dezember 2004

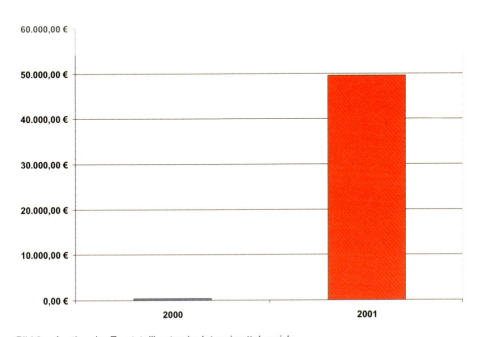

Bild 3: Anstieg der Ersatzteilkosten im Intensivrottebereich

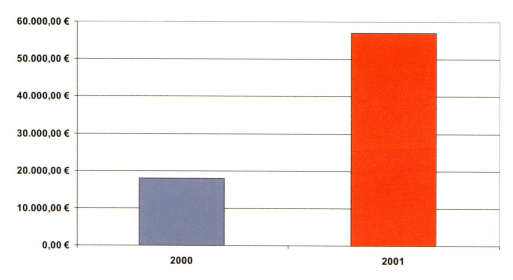

Bild 4: Anstieg der Lohnkosten für Wartung und Instandhaltung im Intensivrottebereich

Die Bilder 5 bis 10 dokumentieren die aufgetretenen Probleme im Bereich der BIOFERM®-Intensivrottetechnik. Diese haben zwangläufig erhebliche betriebliche Probleme verursacht und führten schließlich zu den bereits genannten wesentlich höheren Betriebskosten.

Bild 5: Zustand der Steuerkabel im Einbauzustand (1) und nach 6 Monaten Betrieb (2) sowie starke Korrosionsschäden (3) nach 6 monatiger Betriebsdauer

Energie aus Abfällen

Bild 6: Neues Antriebsritzel des Wenders (1) und nach 6 Monaten Betrieb (2, 3) sowie aufgerissenes Blech der Kratzerschräge (4) und beschädigte Kratzketten (5)

Bild 7: Unzureichende Auflageflächen (1) durch verzogene Schienenführung mit den Folgen einseitiger, starker Radabnutzung (2) und des häufigen Ausfalls der Wendesteuerung (3)

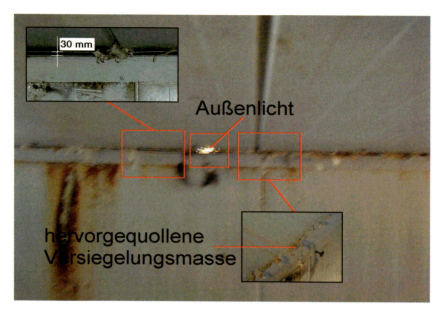

Bild 8: Undichte Intensivrottemodule aufgrund der Verwendung ungeeigneter Dichtungsmaterialien

Bild 9: Undichte Stellen im oberen Bereich der Intensivrottetunnel führten zu starken Beschädigungen und vorzeitigem Austausch der Zinkdachrinnen gegen Edelstahldachrinnen

Bild 10: Aufgerissene Dachkonstruktion durch aufgestellte, abgerissene Kratzerleisten des Wende-aggregates

Vor diesem Hintergrund sah sich die Geschäftsführung der Kompostwerk Göttingen GmbH gezwungen, bei Nutzung aller periphären und baulichen Einrichtungen verfahrenstechnische Alternativen zu prüfen, zumal es sich hier um einen relativ neue Anlage handelte.

3   Umstellung auf Container-Tunnel-Kompostierung (ConTuKo)

Ergebnis der in den Jahren 2001 und 2002 konzeptionellen und praktischen Voruntersuchungen im Rahmen einer Diplomarbeit an der FH Merseburg [1] und im Kompostwerk Göttingen war ein angepasstes Intensivrotteverfahren, die Kombination von Container- und Tunnelkompostierung [2, 3]:

Nach der Aufbereitung des Bioabfalls erfolgt dessen weiterer Transport in Spezialcontainern aus Edelstahl, die mit einem Lochboden für die Zwangsbelüftung und den Sickerwasserablauf versehen sind, durch die bestehenden Intensivrottetunnel, in denen dann die statische Intensivrotte stattfindet.

In den Intensivrottetunneln wurden die bisherigen Spaltenböden entfernt und gemäß der gewählten Containergröße an den entsprechenden Containerstellplätzen durch Entsorgungsfenster ersetzt.

Der Transport in den Tunneln und der Rücktransport außerhalb der Tunnel erfolgt über Schienen.

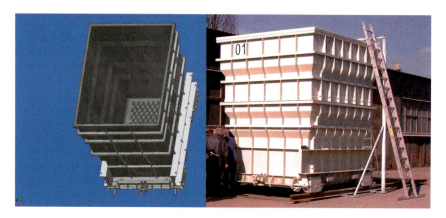

Bild 11: Rottecontainer

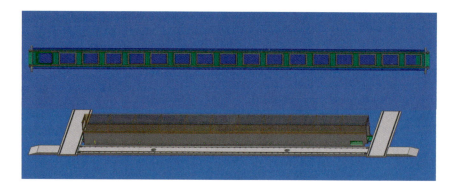

Bild 12: Schematische Darstellung der Integration des Containersystems in die vorhandenen Rottetunnel, Aufsicht der Containerstandplätze (oben), seitliche Ansicht der geplanten Gleisanlage (Mitte) und bauliche Realisierung (unten)

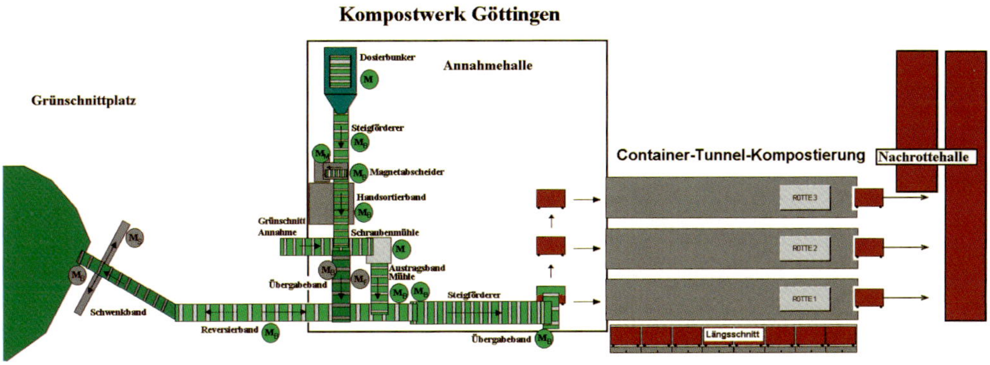

Energie aus Abfällen

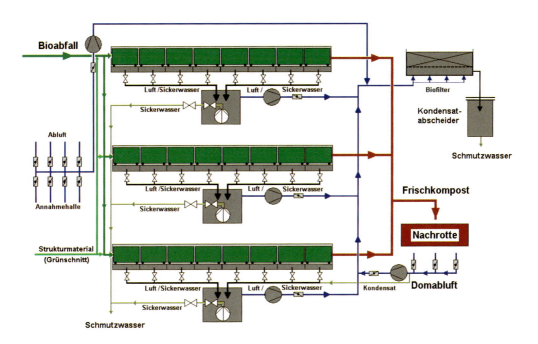

Bild 13: Anlagenschema Container-Tunnel-Kompostierung

Bild 14: Verfahrensschema der Container-Tunnel-Kompostierung

Diese verfahrenstechnische Umgestaltung des Kompostwerkes Göttingen (Einführung von ConTuKo) wird insbesondere zu folgenden Verbesserungen führen[4]:

- Kombination von Tunnel- und Containerkompostierung ohne aufwendige bauliche Veränderungen, d.h. weitestgehende Nutzung der vorhandenen Anlagenkonfiguration
- Neuinvestitionen in der Größenordnung des erforderlichen Reinvests für die BIOFERM®-Intensivrotte und Wegfall der Kosten für die bisher notwendige Fremdverwertung aufgrund von Betriebsstillständen
- geringere Instandhaltungskosten aufgrund geringer Störanfälligkeit wegen des Verzichts auf elektromechanische Verfahrenstechnik in den Intensivrotten
- Kapazitätserhöhung bei gleicher Verweilzeit oder Erhöhung der Verweilzeit bei gleicher Kapazität durch bessere Ausnutzung des vorhandenen Tunnelvolumens
- Verbesserung der Qualität des Intensivrotteoutputs, so dass die Nachrotte mittels Dombelüftungsverfahren unter optimalen Bedingungen durchgeführt werden kann
- Weitere Verringerung der Geruchsemissionsquellstärken der Bioabfallkompostieranlage

4 Integration einer aeroben Perkolationsstufe mit anschließender Vergärung

In Anbetracht der Fördermöglichkeiten des Erneuerbaren Energien Gesetzes (EEG) gab es bei der Geschäftsführung der Kompostwerk Göttingen GmbH konkrete Überlegungen, wie sich die nun auf das ConTuKo-Verfahren umgestaltete Anlage durch eine anaerobe Behandlungsstufe zur Nutzung des energetischen Potentials des Bioabfalles sinnvoll ergänzen lässt.

Es bietet sich an, wiederum bei Nutzung aller vorhandenen periphären und baulichen Einrichtungen eine aerobe Perkolationsstufe mit anschließender externer Vergärung des Perkolates zu integrieren.

Eine mögliche Variante des entwickelten Perkolationsverfahrens ist in Bild 15 dargestellt.

Auf Basis dieser umfangreichen konzeptionellen Vorarbeiten hat der Rat der Stadt Göttingen am 8. Februar 2002 die Prüfung der technischen Möglichkeiten einer kombinierten Vergärung und Kompostierung von biogenen Abfällen für das Kompostwerk Göttingen beschlossen. Daraufhin wurde das ATZ Entwicklungszentrum in Sulzbach-Rosenberg mit den Untersuchungen zur verfahrenstechnischen Optimierung des Kompostwerkes Göttingen beauftragt.

Die Zielsetzung der Untersuchungen lässt sich in folgende Hauptpunkte unterteilen:

- Perkolaterzeugung aus Bioabfall zur Biogasproduktion, d.h. Untersuchungen zur aeroben Hydrolyse von Bioabfall mit und ohne Strukturanteil aus zerkleinertem Grünschnitt in einem vorzugsweise im thermophilen Temperaturbereich betriebenen Perkolationsreaktor (Technikumsmaßstab)
- Darstellung der Ergebnisse in einer Form, dass ein Scale-up auf eine Container-Tunnel-Prozessvariante im Kompostwerk Göttingen mit einer Kapazität von 20.000 t/a möglich ist
- Konzeption einer Biogasanlage einschließlich der energetischen Nutzung des produzierten Biogases

Der Endbericht liegt seit dem 27. Mai 2003 vor [5].

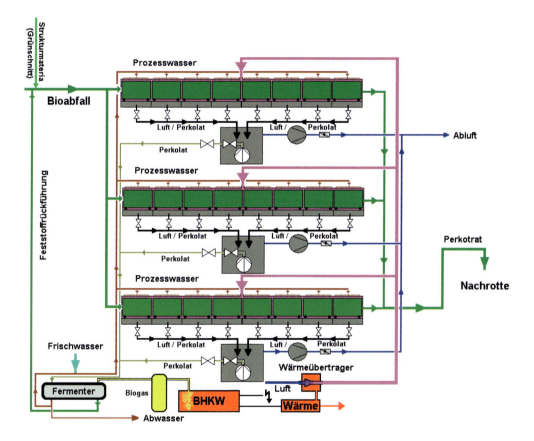

Bild 15: Mögliche Variante zur Integration einer aeroben Perkolationsstufe und Biogaserzeugung in die ConTuKo-Anlage

Die im ATZ Entwicklungszentrum durchgeführten Technikums- und Laboruntersuchungen in den Bereichen Bioabfallaufbereitung, Perkolation, Intensivrotte, Entwässerung und Trocknung des Perkotrates und anaerobe Abbaubarkeit des Perkolates zeigen, dass eine ökologisch sinnvolle Integration des entwickelten Perkolationsverfahrens in die in Göttingen geplante Container-Tunnel-Kompostierung technisch realisierbar ist. Die Ergebnisse wurden auf Fachtagungen vorgestellt und diskutiert [6, 7].

Legt man für die Wirtschaftlichkeitsbetrachtung der zu integrierenden Perkolationsstufe mit der anschließenden energetischen Verwertung des Perkolates die im ATZ ermittelten Stoffstrombilanzen (Bild 16) zugrunde, so ist selbst auf der Basis von ungünstigsten Annahmen mit einer Amortisation der zusätzlichen Investitionskosten von 3 bis 4 Jahren zu rechnen.

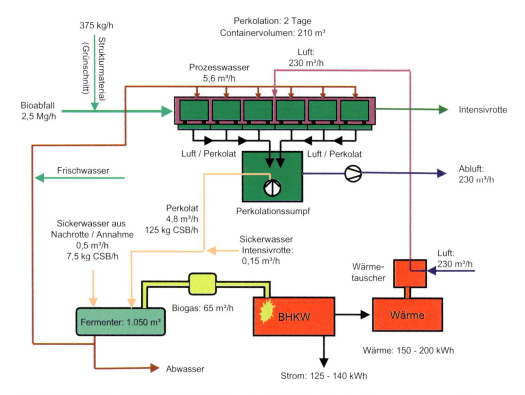

Bild 16: Verfahrensschema und Stoffstrombilanz der Perkolation inklusive Biogaserzeugung und Verwertung

5 Aussichten

Sofort nach Inbetriebnahme der Container-Tunnel-Kompostierung im ersten Intensivrottetunnel beginnen die weiteren zwischen der Kompostwerk Göttingen GmbH und dem ATZ Entwicklungszentrum vereinbarten Untersuchungen zur Perkolation bei laufendem Betrieb im

Kompostwerk Göttingen, um das Scale-up der im Technikum gewonnenen Ergebnisse zu überprüfen und nach Möglichkeit das noch vorhandene Optimierungspotential voll auszuschöpfen. Die unter Praxisbedingungen ermittelten Ergebnisse bilden die Grundlage für die Planungen der zu errichtenden Vergärungsanlage einschließlich der Anlagen zur energetische Nutzung des erzeugten Biogases.

6 Literatur

[1] Fröhlich, M. (2001): „Untersuchungen zum Einsatz von Abfallbeuteln aus biologisch abbaubaren Werkstoffen". Diplomarbeit, FH Merseburg

[2] Kausch, U.; Rühl, O. (2002): „Verfahren und Vorrichtung zur Intensivverrottung von organischem Material, insbesondere Rohkompost". EP 1 310 470 A1

[3] Kausch, U.; Rühl, O. (2003): „Verfahren und Vorrichtung zur Behandlung von organischem Material, insbesondere Bioabfall". DE – PS 102 10 701 C1

[4] Nelles, M. (2004): „Technische und ökologische Bewertung der Bioabfallkompostieranlage Göttingen". Gutachten, Hochschule für Angewandte Wissenschaft und Kunst, Fachhochschule Hildesheim/Holzminden/Göttingen, Fakultät Ressourcenmanagement, Fachgebiet Technischer Umweltschutz

[4] Faulstich, M.; Prechtl, S.; Schneider, R.; Anzer, T. (2003): „Untersuchungen zur *verfahrenstechnischen Optimieru*ng des Kompostwerkes Göttingen". Projektendbericht, ATZ Entwicklungszentrum, Sulzbach-Rosenberg

[4] Prechtl, S; Anzer, T;. Schneider, R.; Faulstich, M.; Rühl, O.; Kausch, U. (2004): *"Energetische Optimierung von biologischen Abfallbehandlungsanlagen"* in: Bilitewski, B., Werner, P., Rettenberger, G., Stegmann, R., Faulstich, M. (Hrsg.), Anaerobe biologische Abfallbehandlung, Eigenverlag TU Dresden

[4] Prechtl, S; Anzer, T;. Schneider, R.; Faulstich, M.; Rühl, O.; Kausch, U. (2004): "Verbesserung der Energieeffizienz von Kompostierungsanlagen durch Einsatz eines Anaerobverfahrens" in: Handbuch zur Fachtagung DepoTech 2004, Leoben 24. bis 26 November 2004

Martin Faulstich [Hrsg.]

Fachtagung Verfahren & Werkstoffe für die Energietechnik
Band 1 – Energie aus Biomasse und Abfall

Energie aus Abwasser

Dr. Kurt Palz

Herding GmbH Filtertechnik

Amberg

Dr. Stephan Prechtl, Dr.-Ing. Rainer Scholz, Dipl.-Ing. (FH) Rolf Jung

ATZ Entwicklungszentrum

Sulzbach-Rosenberg

ATZ Entwicklungszentrum, Sulzbach-Rosenberg

Verlag Förster Druck und Service, Sulzbach-Rosenberg

1 Einführung

Im Rahmen der Regionalen High Tech Offensive Zukunft Bayern förderte der Freistaat Bayern das Entwicklungsvorhaben **Anaerober Hybridreaktor,** das von den Projektpartnern ATZ Entwicklungszentrum, Sulzbach Rosenberg und Herding GmbH Filtertechnik, Amberg durchgeführt wurde. Ziel der Entwicklungsmaßnahme war es, aus den bekannten Anaerob Systemen UASB und Festbettumlaufreaktor einen neuen, leistungsfähigeren Reaktortyp zu schaffen, der die Vorteile beider Systeme in sich vereinigt und deren Nachteile beseitigt.

Das neue Anaerob-Hybrid-System, das unter dem Namen Herding Hybrid Anaerob Bioreaktor, kurz HHAB, vermarktet wird, wurde als Schlaufenreaktor mit dem patentierten Trägermaterial PELIA zur schnellen und dauerhaften Immobilisierung der Biomasse ausgerüstet.

Durch eine spezielle Strömungsführung und eine neu entwickelte, sehr wirksame Abscheidereinrichtung konnte ein sicherer Rückhalt der submersen Biomasse, beziehungsweise des Pelletschlamms im Reaktor erreicht werden.

Gegenüber den am Markt befindlichen Anaerob Reaktor Systemen ergeben sich weiterhin Vorteile durch die einfache Bauart des Reaktors, das verstopfungsfreie Zulaufsystem und die kostengünstige Gestaltung des Gas-Wasser-Biomassen-Separators.

Die auf dem PELIA Trägermaterial immobilisierte, von großer Artenvielfalt geprägte Biomasse stellt einen stabilen Betrieb sicher. Stoßbelastungen werden gut toleriert und ein schnelles Anfahren nach einem Betriebsstillstand ist möglich.

Zur Optimierung der Strömungsverhältnisse im HHAB und zur Ermittlung der konstruktiven Gestaltung des Biomassenrückhaltesystems sowie des Flüssigkeitsabzugs wurden vom ATZ Entwicklungszentrum umfangreiche numerische Simulationsberechnungen durchgeführt.

Die wesentlichen Projektentwicklungsschritte sowie die Erfahrungen mit dem neu entwickelten Hybridanaerobreaktor im Praxisbetrieb einer mittelständischen Brauerei werden nachfolgend beschrieben.

2 Numerische Berechnung der Strömungsverhältnisse im HHAB

Hauptaufgabe der numerischen Simulation war es alle wichtigen Informationen zur Konstruktion des Reaktors, wie auch der Einrichtungen zum Biomasserückhalt und der Gestaltung des strömungsberuhigten Flüssigkeitsabzuges zu ermitteln. Dabei kam der Bestimmung der Strömungsverhältnisse im Reaktor und hier insbesondere im Bereich des PELIA Festbetts eine zentrale Bedeutung zu.

In mehrdimensionalen Berechnungen wurde der Einfluss des mit Biomasse bewachsenden Festbetts auf die Strömungsgeschwindigkeit und -verteilung im symmetrisch gestalteten HHAB ermittelt. Das Ergebnis der Simulationsberechnungen wurde in Form eines farbigen Geschwindigkeitsprofils in Bild 1 dargestellt.

Energie aus Abwasser

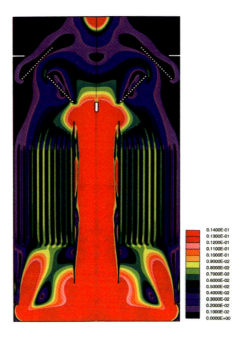

Bild 1: Strömungsverlauf im HHAB-Reaktor

Wie Bild 1 zeigt, ist die angestrebte gleichmäßige Verteilung der Strömungsgeschwindigkeit von ca. 10 m/h in direkter Nähe der PELIA Platten erreicht worden.

3 Aufbau und Funktion der HHAB-Pilotanlage

Die HHAB-Anlage wurde im halbtechnischen Maßstab zur anaeroben Behandlung von Betriebsabwässern einer mittelständischen Brauerei auf deren Betriebsgelände errichtet. Die Brauerei betreibt am gleichen Standort bereits seit Jahren einen anaeroben Herding Anaerob Festbettreaktor, HHAB genannt, zur Vorreinigung des betrieblichen Abwassers.

Die HHAB-Pilotanlage besteht aus folgenden Anlagenteilen:
- Misch- und Ausgleichsbehälter (MAB) mit 20 m³ Inhalt
- Betriebscontainer mit Pumpen, Armaturen u. EMSR-Technik
- HHAB-Reaktor zur anaeroben Abwasserbehandlung
- BioSulfex®-Verfahren zur Biogasentschwefelung

In Bild 2 sind die HHAB-Pilotanlage nach Fertigstellung im Frühjahr 2002 sowie der MAB zu sehen.

Bild 2:   HHAB-Pilotanlage und MAB nach Fertigstellung im Probebetrieb

Die Betriebsabwässer der Brauerei werden gesammelt und im Misch- und Ausgleichsbehälter vergleichmäßigt und zwischengespeichert. Von dort gelangen sie über eine Exzenterschneckenpumpe in den als Schlaufenreaktor ausgeführten HHAB-Reaktor. Mittels einer zweiten Pumpe wird der Reaktorinhalt im Umlauf gepumpt.

Der Ablauf des behandelten Abwassers erfolgt im freien Gefälle aus einer speziell entwickelten Abzugseinrichtung. Das gebildete Biogas wird aus dem Reaktor, nach Passieren einer Gasmengenmesseinrichtung, dem BioSulfex®-Reaktor zur Entfernung des Schwefelwasserstoffgases zugeführt. Das gereinigte Biogas wird in einem BHKW zur Erzeugung von Strom und Wärme genutzt.

In Bild 3 ist der Aufbau der HHAB-Pilotanlage visualisiert.

Energie aus Abwasser

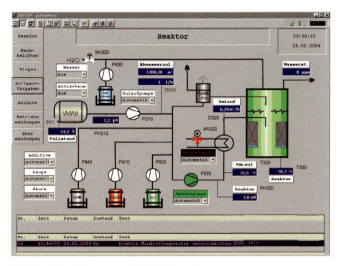

Bild 3: Visualisierung der HHAB-Pilotanlage

In Tabelle 1 sind die wichtigsten Betriebsparameter der HHAB-Pilotanlage dargestellt.

Tabelle 1: Betriebsparameter der HHAB

Daten HHAB- Pilotanlage	
Abwasserzulauf [l/h]	100 – 750
Reaktornettovolumen [m³]	8,1
Verweilzeit [h]	12 - 50

Der Betrieb der HHAB-Pilotanlage wurde von ATZ Entwicklungszentrum und Herding gemeinsam übernommen. Das installierte Datenfernübertragungssystem ermöglichte einen zeitnahen Überblick über den Anlagenzustand sowie schnelle Eingriffsmöglichkeiten in den Betrieb der Pilotanlage. Die Online Erfassung des Wasserstoffgehalts im Biogas ermöglichte eine schnelle Beurteilung der Betriebsstabilität.

Steuerbare Größen der HHAB-Pilotanlage sind u. a. Abwasserzulaufmenge, Umlaufmenge im Reaktor, Temperatur und pH-Werte sowie Dosiermengen für Lauge, Säure und Nährstoffadditive. Online erfasst wurden folgende Messgrößen:

Zulaufmenge, Umlaufmenge, Füllstand MAB, Wasserstoffwert, Gasertrag, pH-Reaktor/Ablauf, Temperatur Reaktor/Umlauf.

Bild 4 gibt die Onlinemessung wichtiger Biogasparameter über einen Zeitraum von 2 Wochen wieder.

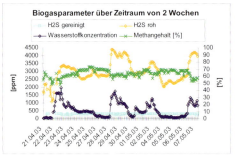 

Bild 4: Exemplarischer Verlauf wichtiger Biogasparameter im 2-Wochen-Verlauf

Am Verlauf der Wasserstoffkonzentration (H_2) kann die jeweilige Belastungssituation des HHAB-Reaktors abgelesen werden. Die H_2-Konzentration nimmt mit steigender Fracht zu, bei gleichmäßiger Belastung ist mit einem H_2-Wert auf niedrigem Niveau zu rechnen.

Während des gesamten Untersuchungszeitraums führte das Labor des ATZ Entwicklungszentrums mikrobiologische und chemische Analysen durch. Mit zwei vollautomatischen Probennehmersystemen wurden Tagesmischproben aus dem Zu- und Ablauf der HHAB-Pilotanlage gezogen.

In Bild 5 sind die archivierten Messwerte beispielhaft grafisch dargestellt.

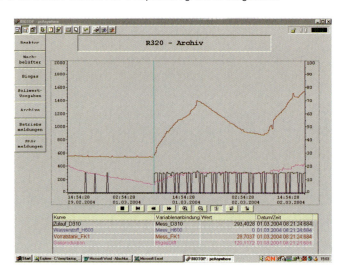

Bild 5: Grafische Archivierung der Messwerte der HHAB- Pilotanlage

4 Betriebsergebnisse der HHAB-Pilotanlage

Die Abwassermengen, -verteilung sowie die Frachten in mittelständischen Brauereien sind im Wochenverlauf sehr starken Schwankungen unterworfen. Daraus resultierte eine, dem Chargenbetrieb der Brauerei folgende, sehr unterschiedliche Belastung der Pilotanlage. Zur Verdeutlichung dieses Sachverhalts kann die nachfolgende Tabelle 2 herangezogen werden.

Tabelle 2: Abwassercharakteristik im Messzeitraum vom 01.09.2002 bis 25.08.2004

Parameter	Zulauf		Ablauf	
	Min.	Max.	Min.	Max.
Abwassermenge [m³/d]	0	18,7	0	18,7
CSB gesamt [mg/l]	2.820	29.070	166	9.225
Ammoniumstickstoff [mg/l]	1	75	1	119
Gesamtstickstoff [mg/l]	68	1.353	51,3	667
Essigsäure [mg/]	160	2.145	2	1.520
Propionsäure [mg/l]	14	7.058	1	1.310
i-Buttersäure [mg/l]	1	173	1	36
Buttersäure [mg/l]	7	730	1	270
i-Valeriansäure [mg/l]	1	85	1	44
Valeriansäure [mg/l]	1	367	1	242
Absetzbare Stoffe [mg/l]	0,5	878	0	500

Insbesondere in der Projektanfangsphase führte eine nicht ausreichende Feststoffabtrennung (Hefe und Kieselgur) im Misch- und Ausgleichsbehälter (MAB) zur Anreicherung von biologisch nicht oder nur schwer abbaubaren, absetzbaren Stoffen zu Beeinträchtigungen in der Leistungsfähigkeit der HHAB-Pilotanlage. Auch stellte sich heraus, dass der Biomassenrückhalt im Reaktor noch nicht zufriedenstellend arbeitete.

Durch weitere numerische Simulationsberechnungen konnte der 3-Phasenabscheider erheblich verbessert werden. Zusammen mit den Maßnahmen zur deutlichen Verringerung des Feststoffeintrags in den Reaktor, durch bauliche und verfahrenstechnische Änderungen am Misch- und Ausgleichsbehälter (MAB) konnte die Leistungsfähigkeit der HHAB-Pilotanlage, trotz weiterhin stark schwankenden CSB Konzentrationen und Abwasserzulaufmengen, wesentlich verbessert werden.

In Bild 6 sind der Füllstand im Vorlagebehälter sowie der Abwasserzulauf über einen Zeitraum von 2 Wochen dargestellt.

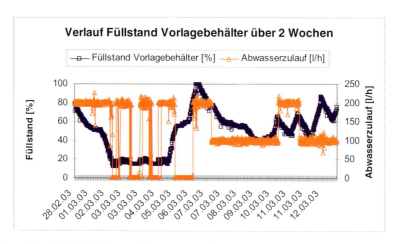

Bild 6: Füllstand Ausgleichsbehälter und Abwasserzulauf

Zur Leistungssteigerung hat auch der Austausch der submersen Biomasse gegen Pelletschlamm beigetragen. Nach Einbau des modifizierten Biomasseabscheiders konnte bis zum Ende des Beobachtungszeitraums kein weiterer, nennenswerter Biomasseaustrag mehr festgestellt werden.

Die im Untersuchungszeitraum 01.09.2002 bis 01.09.2004 erfassten Abwasserwerte wurden zur Ermittlung wichtiger Anlagen-Kenngrößen herangezogen. Zusammen mit den online erfassten anderen Betriebswerten konnten die Parameter CSB-Raumbelastung, CSB-Abbauleistung (eta-CSB) und CSB-Raumabbauleistung ermittelt werden.

In Tabelle 3 sind diese Werte jeweils als Minimal- bzw. Maximalwerte angegeben.

Tabelle 3: HHAB-Pilotreaktor Leistungscharakteristik im Untersuchungszeitraum vom 01.09.2002 bis 01.09.2004

Parameter	Min.	Max.
Abwassermenge [m³]	0	19
CSB Fracht zu [kg/d]	0,7	116
CSB Fracht ab [kg/d}	0,5	45,0
eta-CSB [%]	26	97
CSB-Raumbelastung [kg/m³*d]	0	14
CSB-Raumabbauleistung [kg/m³*d]	0	9,5
Gasertrag [m³/d]	0	35

Die auffallend breite Streuung der dargestellten Betriebsparameter ist auf die bereits angesprochene diskontinuierliche Abwasserversorgung sowie auf die insbesondere zu Beginn des Untersuchungszeitraums große Schwankungsbreite der zugeführten CSB-Frachten zurückzuführen. Im weiteren Projektverlauf haben sich die erwähnten Umbaumaßnahmen stabilisierend auf den Betrieb der HHAB Anlage ausgewirkt. Die Belastung des Reaktors konnte kontinuierlich gesteigert werden.

In Tabelle 4 werden die nach Abschluss der Umbau- und Optimierungsarbeiten erreichten Betriebsparameter dargestellt.

Tabelle 4: HHAB-Pilotreaktor Betriebsergebnisse

Parameter	Mittelwerte
Abwassermenge [m³/d]	7,5
CSB-Fracht zu [kg/d]	40
CSB-Fracht ab [kg/d]	11,6
Gasertrag [m³/d]	18,5
Methangehalt [%]	70
eta-CSB [%]	71
CSB-Raumbelastung [kg/m³*d]	6,5
CSB-Raumabbauleistung [kg/m³*d]	4,9

Wie aus der Tabelle hervorgeht, haben sich die Leistungswerte der HHAB-Anlage nach Abschluss der Umbau- und Optimierungsarbeiten auf ein, unter Berücksichtigung der spezifischen Betriebsverhältnisse in der Brauerei, gutes Niveau verbessert. Die Biogasqualität hat sich ebenfalls verbessert. Der höhere Methananteil im Biogas lässt auf eine stabile und artenreiche Biozönose im HHAB-Reaktor schließen. Die höheren Umsatzraten weisen auf eine gestiegene Biomasse-Konzentration (Pelletschlamm und Festbettbiofilm) im Reaktor hin.

Die Bilder 7-9 zeigen die Tagesganglinien der Pilotanlage ab dem Zeitpunkt der Umbau- und Optimierungsarbeiten. Neben dem Abwasserzulauf und der CSB-Fracht werden auch der Gasertrag und die Raumbelastung dargestellt.

Bild 7: Tagesganglinie Abwasserzulauf / CSB-Fracht und Gasertrag

Aus dem Verlauf der Tagesganglinien ist der Zusammenhang zwischen Abwassermenge, zugeführter CSB-Fracht und Gasertrag sehr gut erkennbar: Mit zunehmender CSB-Fracht steigt der Gasertrag an bis auf einen Maximalwert von ca. 35 m³/d. Mit zurückgehender Fracht nimmt auch analog der Gasertrag ab.

Bild 8 gibt die Relation zwischen abgeführter CSB-Fracht und der erreichten CSB-Abbauleistung (eta-SB) wieder.

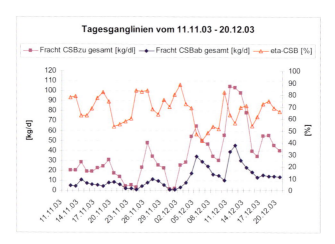

Bild 8: CSB-Frachten zu CSB-Abbauleistung

Bild 8 zeigt die gute Dynamik der Pilotanlage, die nach kurzzeitiger hoher Belastung bei zurückgehender Fracht wieder sehr schnell die früheren Abbauwerte erreicht. Bei konstanten Beschickungsbedingungen kann von einem gleichbleibend hohen Abbaugrad ausgegangen werden.

Dieser Zusammenhang geht auch aus nachfolgendem Bild 9 hervor, in der die Raumbelastung der erreichten CSB-Abbauleistung gegenübergestellt ist.

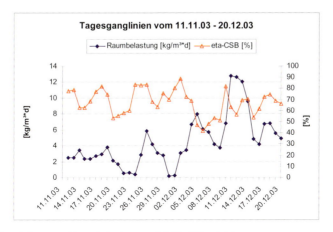

Bild 9: Gegenüberstellung von Raumbelastung und CSB–Abbauleistung

Wie aus Bild 9 erkennbar ist, reagiert die Pilotanlage auf kurzzeitig sehr starke Zunahme der Raumbelastung - Kenngröße für die zugeführte CSB-Fracht pro Tag und Reaktorvolumen - mit einem Rückgang der CSB-Abbauleistung. Auch hier zeigt sich wieder die bereits erwähnte gute Dynamik der HHAB-Anlage, zumal sich die periodisch wiederholenden kurzzeitigen Frachtspitzen mit Phasen sehr geringer Belastung im Wochenverlauf abwechseln.

Als eine weitere wichtige Kennzahl zur Beurteilung der Leistungsfähigkeit eines Anaerobreaktorssystems wird der relative Gasertrag herangezogen. Dieser gibt an, wie viel Biogas [m³] pro kg abgebautem CSB gebildet wurden. In der Tabelle 5 ist dieser Zusammenhang für den Untersuchungszeitraum dargestellt.

Tabelle 5: rel. Gasertrag HHAB – Reaktor über gesamten Untersuchungszeitraum und nach Umbau

Parameter	Gesamt	ab 01.11.03
Abwassermenge [m³]	1.528	168
CSB – Fracht, abgebaut [kg]	7.677	843
Gasertrag, gesamt [m³]	3.021	500
relativer Gasertrag [m³ Biogas / kg CSB abgebaut]	0,4	0,6

5 Zusammenfassung

Die Leistungsfähigkeit des patentierten HHAB, eines innovativen anaeroben Hybridreaktors konnte in einer mittelständigen Brauerei im Zeitraum September 2002 bis September 2004 nachgewiesen werden.

Im Untersuchungszeitraum wurde die HHAB Anlage mit stark schwankenden CSB-Konzentrationen und -Frachten beschickt. Die CSB-Konzentrationen lagen im Bereich von 3.500 - 29.000 mg/l. Betriebsbedingt schwankten die Abwassermengen im Wochenverlauf erheblich. An den Wochenenden war regelmäßig keine ausreichende Abwassermenge vorhanden, so dass die HHAB-Anlage an den Sonntagen im Kreislauf gefahren werden musste. Ab Montag wurde die Anaerobanlage mit der Wiederaufnahme des Braubetriebs wieder mit Volllast gefahren. Trotz dieser dauerhaft stark schwankenden Belastungen erwies sich die HHAB als sehr stabil und tolerant gegenüber Schockbelastungen. Die CSB-Abbauwerte lagen im Untersuchungszeitraum zwischen 70-90%.

Die Kombination der Festbettbiologie mit der Pelletschlammtechnologie hat nachweislich zu einem neuen, robusten und leistungsfähigen Anaerobverfahren geführt, das sich auch für schwierige Abwasserverhältnisse eignet.

Martin Faulstich [Hrsg.]

Fachtagung Verfahren & Werkstoffe für die Energietechnik
Band 1 – Energie aus Biomasse und Abfall

Regenerative Flüssigtreibstoffe

Dr. Stephan Prechtl, Prof. Dr.-Ing. Martin Faulstich

ATZ Entwicklungszentrum

Sulzbach-Rosenberg

ATZ Entwicklungszentrum, Sulzbach-Rosenberg

Verlag Förster Druck und Service, Sulzbach-Rosenberg

1 Einleitung

Mobilität ist eines der Schlagwörter der modernen Industriegesellschaft, ermöglicht sie doch einen nahezu unbegrenzten internationalen Warenstrom und einen damit verbundenen hohen Lebensstandard. Auch gilt die individuelle Mobilität mit dem eigenen PKW vielen als das Sinnbild für Unabhängigkeit und damit verbundene Lebensqualität.

Im Jahr 2003 wurden in Deutschland rund 56,3 Millionen Tonnen Kraftstoff verbraucht, wobei der Anteil regenerativer Flüssigkraftstoffe, entsprechend Bild 1, lediglich 1,43% betrug [1].

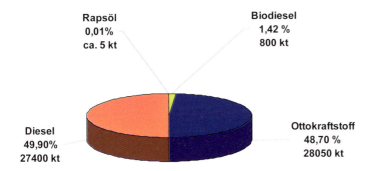

Bild 1: Primärkraftstoffverbrauch in Deutschland 2003 verändert nach [1]

Die Vorräte an fossilen Energieträgern wie Erdöl, Kohle oder Erdgas, die als Treibstoffe eingesetzt werden können, sind jedoch begrenzt, so dass die intensive Suche nach alternativen Energieträgern ein Gebot der Vernunft darstellt, um diese lieb gewonnene Mobilität auch zukünftig zu erhalten.

Der Verkehrs- und Transportsektor trägt außerdem durch den Ausstoß von klimarelevanten Gasen, insbesondere Kohlendioxid (CO_2), das bei der Verbrennung von fossilen Kraftstoffen freigesetzt wird, zum Treibhauseffekt bei.

Der Einsatz regenerativer Treibstoffe verursacht ebenfalls CO_2 Emissionen. Das freigesetzte CO_2 wurde jedoch durch die pflanzlichen Rohstoffe, die zur Treibstofferzeugung eingesetzt werden können, während ihrer Wachstumsphase aus der Atmosphäre aufgenommen und als Zellsubstanz gebunden. In der Regel ergibt sich damit ein weitgehend geschlossener CO_2Kreislauf, auch wenn zur Produktion regenerativer Kraftstoffe oftmals noch Energie aus fossilen Quellen Verwendung findet.

Die Bundesregierung hat sich im Rahmen des Klimaschutzprogramms zu Minderungen der CO_2-Emissionen und der sechs wichtigsten Treibhausgase verpflichtet [2].

Eine Verminderung der Emissionen aus dem Verkehrssektor ist auch Ziel der Europäischen Union (EU). Das Europäische Parlament hat am 08. Mai 2003 die Richtlinie 2003/30/EG zur Förderung der Verwendung von Biokraftstoffen oder anderen erneuerbaren Kraftstoffen im Verkehrssektor erlassen, die in jedem Mitgliedsstaat bis zum 31. Dezember 2004 umzusetzen war. Entsprechend der Richtlinie wird für das Jahr 2010 ein Anteil von 5,75% des Kraftstoffverbrauchs angestrebt. Die Richtlinie ermöglicht es den einzelnen EU-Mitgliedsstaaten alle Biokraftstoffe unabhängig davon ob sie als Reinkraftstoffe oder Zumischung eingesetzt werden, von der Mineralölsteuer zu befreien.

In Deutschland wurden regenerative Reinkraftstoffe bereits in den 1990er Jahren von der Mineralölsteuer befreit. Nach einer Änderung des Mineralölsteuergesetzes sind jetzt auch regenerative Beimischungen von der Mineralölsteuer befreit. In Paragraph 2a des Mineralölsteuergesetzes (Stand 01. Januar 2004) wird diese Steuerbefreiung auch für Beimischungen zu Mineralölen bis zum 31. Dezember 2009 geregelt [3]. Die aktuellen Kraftstoffnormen begrenzen eine mögliche Beimischung regenerativer Kraftstoffe, und auch die Abgasnormen für Pkw ab 2005 (Euro IV) und 2008 (Euro V) bzw. für Nutzfahrzeuge ab 2005/2006 (Euro IV) müssen beachtet werden.

Entsprechend der Richtlinie 2003/30/EG gelten momentan Bioethanol, Biodiesel, Biogas Biomethanol, Biodimethylether, Bio-ETBE (Ethyl-Tertiär-Butylether), Bio-MTBE (Methyl-Tertiär-Butylether), Synthetische Biokraftstoffe (BTL „Biomass-To-Liquid", GTL „Gas-To-Liquid"), Biowasserstoff und reines Pflanzenöl als Biokraftstoffe.

Aus heutiger Sicht bietet sich, abhängig vom jeweiligen Konversionsverfahren, eine Vielzahl möglicher regenerativer Substrate wie Pflanzenöle, Holz, Zuckerrüben, Getreide und weitere Nachwachsende Rohstoffe an.

Im Folgenden werden beispielhafte regenerative Flüssigkraftstoffe kurz beschrieben und charakterisiert sowie aktuelle Forschungs- und Entwicklungsvorhaben des ATZ Entwicklungszentrums im Bereich des regenerativen Energieträgers Bioethanol mit aufgezeigt.

2 Pflanzenöl

Bereits Rudolf Diesel experimentierte im Jahr 1895 mit Erdnussöl als Treibstoff – zu einem Zeitpunkt als Klimaveränderung, Ozonloch und Energiekrisen noch nicht diskutiert wurden. Durch die erste Energiekrise anfangs der 70er Jahre wurden die Forschungen im Bereich alternativer, regenerativer Treibstoffe intensiviert.

Für die Produktion von reinen Pflanzenölen stehen weltweit eine Reihe von Pflanzen zur Gewinnung von beispielsweise Palmöl und Olivenöl, aus klimatischen Gründen in Deutschland jedoch bevorzugt Raps- und Sonnenblumenöl zur Verfügung.

Eine Übersicht zu charakteristischen Kenndaten des in Deutschland am häufigsten angebauten Raps (Ölgehalt ca. 40%) zeigt Tabelle 1.

Tabelle 1: Charakteristische Kenndaten von Rapsöl verändert nach [4]

Rohstoff	Rapsöl
Jahresertrag je Hektar	ca. 1.300 l/ha
Kraftstoff Äquivalent	1 l Rapsöl ersetzt ca. 0,96 l Diesel
Marktpreis	0,55 bis 0,665 Euro pro Liter (Stand 11/2004)
CO_2-Minderung	>80% im Vergleich zu Diesel
Technische Hinweise	Umrüstung des Motors erforderlich

Bild 2: Rapsfeld und Rapssaat (rechts)

In vielen landwirtschaftlichen Betrieben oder Genossenschaften erfolgt eine dezentrale Kaltpressung der gereinigten Ölsaat mit anschließender Entfernung der noch enthaltenen Schwebstoffe durch Sedimentation oder Filtration. Der als Rückstand verbleibende Presskuchen mit einem Restölgehalt von >10% kann als Tierfutter vermarktet oder alternativ auch zur Energiegewinnung in einer Biogasanlage dienen.

Im Vergleich hierzu erfolgt bei der industriellen, großtechnischen Herstellung von Pflanzenölen eine Pressung und anschließende Extraktion des verbleibenden Presskuchens mit organischen Lösemitteln, beispielsweise Hexan bei Temperaturen bis 80°C. Der Extraktionsschrot kann vergleichbar der Kaltpressung verwertet werden. Durch Verdampfung lassen sich die Lösemittel vom Öl abtrennen und erneut nutzen, wobei jedoch im Unterschied zur Kaltpressung mehr unerwünschte Bestandteile im Endprodukt (Vollraffinat) zurückbleiben [4, 5].

Pflanzenöle dienen als Ausgangsmaterial zur Herstellung von Biodiesel, können jedoch auch direkt in speziell umgerüsteten Dieselmotoren eingesetzt werden.

Eine Umrüstung der Motoren ist erforderlich, da reines Pflanzenöl besonders bei niedrigen Temperaturen eine wesentlich höhere Viskosität als fossiler Dieselkraftstoff aufweist, was unter anderem technische Anpassungen zum sicheren Kaltstart und Winterbetrieb bedingt. Diese notwendige Umrüstung wird von mehreren Firmen angeboten, wobei die erforderlichen Umbaukosten je nach Konzept bis zu mehreren Tausend Euro betragen können. Aufgrund des im Vergleich zu fossilem Dieselkraftstoff (80°C) deutlich höheren Flammpunkts (Rapsöl 317°C) ergeben sich merkliche Vorteile für reines Pflanzenöl bei Transport und Lagerung. Pflanzenöl ist weiterhin biologisch gut abbaubar und in die niedrigste Wassergefährdungsklasse (WGK 0) eingestuft. Die Bayerische Landesanstalt für Landtechnik hat zur Gewährleistung einer gleich bleibenden Qualität den so genannten RK-Qualitätsstandard 5/2000 für Rapsöl als Kraftstoff veröffentlicht [4, 5].

Obwohl die Herstellung von reinem Pflanzenöl relativ einfach ist und zudem eine positive Energiebilanz aufweist, gilt Pflanzenöl aufgrund des geringen Marktanteils und der noch nicht flächendeckend eingeführten Infrastruktur (öffentliche Pflanzenöltankstellen) als Nischenprodukt. In ländlich strukturierten Räumen bietet sich jedoch die Möglichkeit eines wirtschaftlichen Einsatzes von reinem Pflanzenöl, beispielsweise durch den Betrieb einer Schulbusflotte wie im Landkreis Amberg-Sulzbach realisiert.

3 Biodiesel

Unter den regenerativen Kraftstoffen in Deutschland nimmt Biodiesel auch aufgrund seines Anteils am Kraftstoffmarkt mit knapp einer Million Mg pro Jahr die bekannteste Stellung ein. Biodiesel ist im Gegensatz zum reinen Pflanzenöl sehr gut an die technischen Anforderungen des Dieselmotors angepasst und wurde als erster regenerativer Kraftstoff als „handelsüblicher Kraftstoff" anerkannt. Zur Kontrolle der Kraftstoffqualität wurde die EU-weite Norm DIN EN 14214 eingeführt und in Deutschland durch Aufnahme in die Kraftstoffqualitäts- und Kennzeichnungsverordnung (10. BImSchV) geregelt. Viele Automobilhersteller haben bereits eine Reihe von Fahrzeugen direkt ab Werk für den Betrieb mit Biodiesel freigegeben. An den Zapfsäulen öffentlicher Tankstellen ist die „Qualität nach Norm" durch das Anbringen des DIN-Zeichens deutlich zu machen, das in Bild 3 gezeigt ist. Das ebenfalls in Bild 3 gezeigte zusätzliche Qualitätszeichen wurde von der Arbeitsgemeinschaft Qualitätsmanagement Biodiesel e.V. (AGQM) entwickelt, in der die Mehrheit der Biodieselproduzenten aus Deutschland und Österreich zusammengeschlossen ist.

Bild 3: DIN EN 14214 für Biodiesel und Biodiesel Qualität AGQM

In Deutschland wird Biodiesel hauptsächlich aus Rapsöl durch eine chemische Veresterung mit Methanol hergestellt. Neben dem Rohstoff Rapssaat sind jedoch andere Pflanzenöle und auch Abfallprodukte wie Speise- und Tierfette nutzbar. Ein prinzipielles Verfahrensschema zur Produktion von Biodiesel ist in Bild 4 dargestellt. Das Bild 5 zeigt Photos der Produktionsanlage der Archer Daniels Midland Company (ADM) Hamburg, die nach dem patentierten kontinuierlichen CD-Umesterungsverfahren arbeitet.

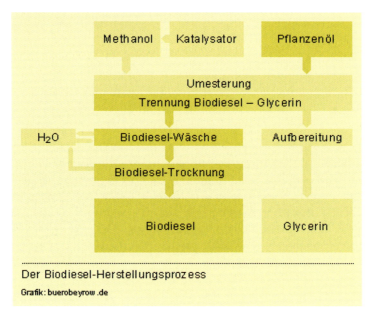

Bild 4: Verfahrensschema der Biodieselherstellung nach [6]

Regenerative Flüssigtreibstoffe

Bild 5: Reaktionskolonnen und Separatoren bei der Biodieselherstellung Produktionsanlage der Archer Daniels Midland Company (ADM), Hamburg [7].

Der erste Reaktionsschritt besteht in der Umesterung von Pflanzenöl, das mit Methanol im Verhältnis 1:9 gemischt wird, in Anwesenheit eines Katalysators (0,5 bis 1% wasserfreies Natrium- oder Kaliumhydroxid) bei einer Temperatur von etwa 50 bis 80°C. Bei der ablaufenden chemischen Reaktion wird der dreiwertige Alkohol Glycerin im Pflanzenöl durch den einwertigen Alkohol Methanol „ersetzt" und es entstehen drei einzelne Fettsäure-Methylester-Ketten (FAME) und Glycerin. Glycerin kann beispielsweise in der Pharma- und Lebensmittelindustrie stofflich verwertet oder als energetisches Substrat in Biogasanlagen Verwendung finden. Durch nachfolgende Reinigungsschritte, bei denen unter anderem überschüssiges Methanol und Wasser durch Destillation entfernt wird, entsteht Biodiesel mit hoher Qualität, dem – ähnlich fossilen Kraftstoffen – weitere Additive, beispielsweise zur Verbesserung der Wintertauglichkeit zugesetzt werden kann. Beachtet werden müssen die lösungsmittelähnlichen Eigenschaften von Biodiesel, die bei nicht freigegebenen Fahrzeugen zu Problemen an Dichtungen und Benzinleitungen führen können. Zur Einhaltung der EU-Abgasnorm Euro IV ab dem Jahr 2005 wurde ein Sensor entwickelt, der es ermöglicht, verschiedene Kraftstoffe bzw. Kraftstoffmischungen zu erkennen und Motormanagement bzw. Verbrennung entsprechend einzustellen und zu optimieren. Somit lassen sich die Abgasgrenzwerte der EU-Abgasnorm Euro IV inzwischen ohne Probleme einhalten. Tabelle 2 fasst charakteristische Kenndaten von Biodiesel zusammen.

Tabelle 2: Charakteristische Kenndaten von Biodiesel verändert nach [4]

Rohstoffe	Rapsöl und andere Pflanzenöle
Jahresertrag je Hektar	ca. 1.300 l/ha
Kraftstoff Äquivalent	1 l Biodiesel ersetzt ca. 0,91 l Diesel
Marktpreis	0,75 bis 0,85 Euro pro Liter (Stand11/2004)
CO_2-Minderung	ca. 70% im Vergleich zu Diesel
Technische Hinweise	Freigabe des Herstellers für den Einsatz von Biodiesel in Reinform erforderlich; in Mischungen bis 5% ohne Anpassung des Motors einsetzbar

Aus dem Bild 6 wird deutlich, dass der Anteil an Biodiesel am gesamten Kraftstoffmarkt innerhalb der letzten 12 Jahre speziell aufgrund der ökonomischen Vorteile – Biodiesel ist preiswerter als fossiler Diesel – stark zugenommen hat und auch auf eine entsprechend ausgebaute Infrastruktur in Form eines Tankstellennetzes zurückgreifen kann.

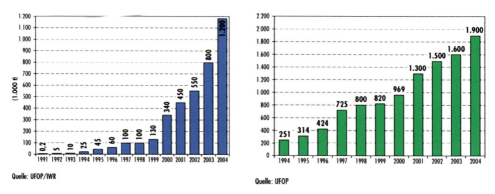

Bild 6: Biodieselabsatz und Biodiesel-Tankstellen in Deutschland [1]

Nach Angaben der Fachagentur Nachwachsende Rohstoffe e.V. weist Biodiesel eine positive Energiebilanz mit einem Nettoenergiegewinn von etwa dem Zwei- bis Dreifachen der für Herstellung und Logistik eingesetzten Energie auf und ermöglicht so die Einsparung fossiler Energieträger. Biodiesel ist in die Wassergefährdungsklasse 1 für schwach wassergefährdende Stoffe eingestuft und weist eine biologische Abbaubarkeit von 98% in 21 Tagen auf [4].

4 Synthetische Biokraftstoffe

Im Unterschied zu reinem Pflanzenöl und Biodiesel, die ein sehr enges „Substratspektrum" aufweisen, kann zur Produktion von synthetischen Biokraftstoffen eine breite Palette von Rohstoffen verwendet werden. Zur Herstellung von Biomass-To-Liquid (BTL) Kraftstoffen (auch Synfuel oder Sunfuel® genannt), deren Design exakt an die Anforderungen moderner Motorenkonzepte angepasst werden kann, können prinzipiell eine breite Palette von Energiepflanzen, Holz aber auch Abfälle verwendet werden. Das Verfahren ermöglicht den Einsatz der „gesamten Pflanze" im Gegensatz zur Herstellung von Biodiesel und Pflanzenöl, bei dem lediglich die Saat zur Kraftstoffproduktion genutzt werden kann.

Basierend auf dieser großen Rohstoffdiversität werden zur Zeit durchaus sehr große Hoffnungen mit diesem noch neuen und bislang noch nicht großtechnisch verfügbaren Technologien verknüpft. Insbesondere die Automobilindustrie erwartet sich Vorteile, da sich der Kraftstoff dem Motor anpasst und nicht umgekehrt eine spezielle Motorenanpassung an regenerative Kraftstoffe erforderlich ist. Weiterhin sollen diese „Designerkraftstoffe" eine deutliche Minderung der Schadstoffemissionen (NO_x, Partikelausstoß) und damit die zukünftige Einhaltung von Grenzwerten für Abgasemissionen ermöglichen, die ohne Anpassungen der Motorentechnologie an die heutigen regenerativen Kraftstoffe nicht möglich wäre.

In Deutschland und Europa beschäftigen sich mehrere Unternehmen und Forschungseinrichtungen mit der Herstellung von BTL-Kraftstoffen. Das Bild 7 zeigt ein vereinfachtes Schema des Produktionsprozesses.

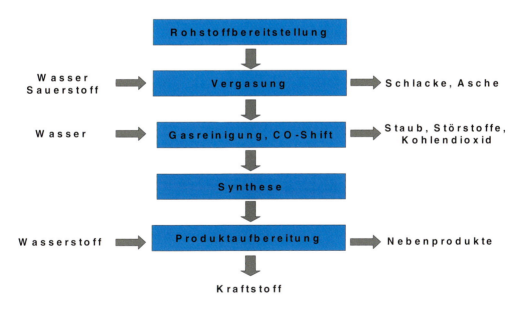

Bild 7: Verfahrensschema Produktion von synthetischen Biokraftstoffen verändert nach [8]

Die Erzeugung regenerativer Flüssigkraftstoffe aus Biomasse macht einen thermochemischen Umwandlungsprozess der festen Biomasse in ein Synthesegas erforderlich. Eine Übersicht der momentan auf dem Markt befindlichen Verfahren zur Vergasung von Biomasse findet sich beispielhaft bei [8, 9, 10, 11], wobei sich eine Reihe der Verfahren noch in der Entwicklungs- und Optimierungsphase befindet.

Aus dem entstehenden Vergasungsgas müssen vor einer weiteren Nutzung Stör- und Schadstoffkomponenten, beispielsweise Schwefel- und Stickstoffverbindungen, die die im nachfolgenden Syntheseverfahren verwendeten Katalysatoren beschädigen können, entfernt werden.

Nach einer Wasserstoffanreicherung mittels CO-Shift erfolgt der eigentliche Syntheseschritt mittels der seit 1925 am Kaiser-Wilhelm-Institut für Kohleforschung entwickelten und bekannten Fischer-Tropsch-Synthese (FT) oder dem Methanol-to-Gasoline-Verfahren (MTG), bei dem zunächst Methanol als Zwischenprodukt entsteht [4, 8, 9, 10, 11]. Die gewünschten BTL-Kraftstoffe mit entweder Ottokraftstoff- oder Dieselkraftstoff-Eigenschaften entstehen schließlich mittels Blending der erzeugten Kohlenwasserstofffraktionen. Eine Übersicht charakteristischer Kenndaten von BTL-Kraftstoffen enthält Tabelle 3.

Tabelle 3: Charakteristische Kenndaten von BTL-Kraftstoffen nach [4]

Rohstoffe	Energiepflanzen und Holz
Jahresertrag je Hektar	ca. 4.050 l/ha (berechneter Wert)
Kraftstoff Äquivalent	1 l BTL-Kraftstoff ersetzt ca. 0,93 l Diesel (berechneter Wert)
Herstellungskosten	0,50 bis 0,70 Euro pro Liter
CO_2-Minderung	> 90% im Vergleich zu Diesel (berechneter Wert)

Zu den von einer Reihe von Unternehmen und Forschungseinrichtungen entwickelten Verfahren zur Herstellung von BTL-Kraftstoffen liegen in der Regel bisher noch keine belastbaren Energiebilanzen vor. Zudem ist auch der ökologische Aspekt zu evaluieren, da pflanzliche Rohstoffe sehr heterogen und großflächig anfallen, was besondere Anforderungen an die Rohstoffbereitstellung, die Lagerung und den Transport stellt [4]. Da für die Herstellung von BTL-Kraftstoffen eine große Bandbreite an Rohstoffen prinzipiell nutzbar ist, ergibt sich ein sehr großes zukünftiges Potenzial dieser regenerativen Kraftstoffform [4].

5 Bioethanol

Neben den regenerativen Flüssigkraftstoffen Pflanzenöl und Biodiesel, die für den Einsatz in gegebenenfalls modifizierten Dieselmotoren geeignet sind, ermöglicht die Produktion von Bioethanol eine Substitution von Benzin- und Superkraftstoffen. Obwohl der Markt für Dieselkraftstoffe insbesondere in Deutschland stetig wächst, wurde eine Beimischung von

Bioethanol, die technisch durch den Zusatz entsprechender Additive möglich ist, zum „Diesohol" noch nicht in Betracht gezogen [12, 13]. Bioethanol weist eine höhere Oktanzahl als Ottokraftstoffe auf und besitzt damit geeignete Eigenschaften, um die Klopffestigkeit und Qualität von Ottokraftstoffen zu verbessern. Als Nachteil steht der um etwa 30% geringere Energieinhalt von Ethanol und die Erhöhung des Dampfdrucks durch eine Beimischung von Ethanol zu Ottokraftstoffen entgegen. Die Nutzung kann entweder als direkte Beimischung von Bioethanol zum fossilen Kraftstoff (max. 5%) entsprechend der Kraftstoffnorm für Ottokraftstoffe DIN EN 228 erfolgen oder als Additiv in Form von Ethyl-Tertiär-Butyl-Ether (ETBE), einer chemischen Verbindung aus Bioethanol und Isobuten, einem Nebenprodukt der Kraftstoffherstellung aus fossilen Energieträgern. ETBE wird dem Kraftstoffen zugesetzt, um die Oktanzahl zu erhöhen, und soll zunehmend das bisher verwendete Antiklopfmittel Methyl-Tertiär-Butyl-Ether (MTBE) ersetzen, das gesundheitsschädigende Eigenschaften aufweist. ETBE darf Ottokraftstoffen bis zu einem Gehalt von 15% beigemischt werden. Eine weitere Option bieten Flexible-Fuels-Vehicles (FFV), die mit Kraftstoffmischungen mit einem Anteil von bis zu 85% Ethanol (E 85) betrieben werden können und beispielsweise in Brasilien bereits seit längerem im Einsatz sind [4, 10].

Bioethanol ist das Produkt der Vergärung von Zucker enthaltenden Rohstoffen durch Hefepilze oder anderer Ethanol produzierender Mikroorganismen, wie beispielsweise Zymomonas mobilis [14, 15, 16, 17]. Obwohl sich prinzipiell alle zucker-, stärke und cellulose- bzw. lignocellulosehaltigen Pflanzen zur Herstellung von Bioethanol eignen, wird momentan weltweit der größte Anteil aus Zuckerrohr und Mais vor allem in Brasilien und den USA produziert. Brasilien ist der weltgrößte Hersteller von Bioethanol und nutzt momentan lediglich 5,6 Millionen Hektar der 320 Millionen Hektar zur Verfügung stehenden landwirtschaftlichen Nutzfläche für den Zuckerrohranbau. Durch etwa 400 Konversionsanlagen werden in Brasilien pro Jahr circa 18 Mill. m³ Ethanol produziert [4]. In Deutschland dienen vor allem Zuckerrüben sowie Weizen und Roggen als Rohstoffe für die Ethanolerzeugung. Im Jahr 2003 wurden in Deutschland etwa 280.000 m³ Ethanol als Agrar- und Synthesealkohol erzeugt.

Intensiv beschäftigen sich weltweit zudem eine Reihe von Unternehmen und Forschungseinrichtungen mit Verfahren zur Nutzung von lignocellulosehaltiger Biomasse, die zwar eine spezielle Anpassung der Aufbereitungstechnik sowie der verwendeten Enzyme (Cellulasen) und Mikroorganismen erfordert, jedoch in der Regel ökologische und ökonomische Vorteile bei der Rohstoffproduktion aufweist. Tabelle 4 fasst charakteristische Kenndaten von Bioethanol aus konventionellen Rohstoffen zusammen.

Tabelle 4: Kenndaten von Bioethanol aus konventionellen Rohstoffen verändert nach [4]

Rohstoffe	Getreide, Zucker
Jahresertrag je Hektar	2.500 l/ha auf Grundlage von Getreide
Kraftstoff Äquivalent	1 l Ethanol ersetzt ca. 0,66 l Diesel
Marktpreis	ca. 0,50 Euro pro Liter
CO_2-Minderung	ca. 30% im Vergleich zu Ottokraftstoff
Technische Hinweise	Kann Ottokraftstoff nach DIN EN 228 bis 5% ohne Probleme beigemischt werden; Flexible Fuels Vehicles (FFV) ermöglichen Beimischungen bis 85%

Als Rückstand bei der Vergärung fällt Schlempe an, die als Futtermittel verwendet oder auch zur Energieerzeugung in Biogasanlagen genutzt werden kann.

Die Firmen Südzucker und Sauter haben in Deutschland drei Großanlagen mit einer Gesamtkapazität von etwa 540.000 m³ pro Jahr in den neuen Bundesländern errichtet, wobei als Rohstoff Getreide eingesetzt und die anfallende Schlempe in der Regel getrocknet wird [12].

Die deutsche Ethanolproduktion ist auf der anderen Seite geprägt durch eine Vielzahl von kleinen und mittelgroßen Erzeugern von Agraralkohol. Die erzeugte Menge an Agraralkohol entspricht etwa 30% des in Deutschland produzierten Ethanols.

Die Situation der etwa 800 landwirtschaftlichen Brennereien in Deutschland wird geprägt durch das Branntweinmonopolgesetz. Die Reform des Branntweinmonopols durch die Bundesregierung im Dezember 1999 und in der Folge die Absatzeinbrüche der Bundesmonopolverwaltung haben auch für landwirtschaftlich betriebene Brennereien zur Folge, dass deren Auslastung sinkt. Durch die sinkenden Übernahmepreise für den Rohalkohol seitens der Monopolverwaltung geraten die Brennereien wirtschaftlich zunehmend unter Druck.

Dadurch haben die betroffenen Landwirte schon jetzt drastische Einnahmeverluste zu verkraften. Zwar wird das deutsche Branntweinmonopol vorläufig bis zum Jahr 2010 verlängert, im Zuge der EU-Pläne für eine Europäische Alkoholmarktordnung ist der Fortbestand des Monopols in der alten Form auf Dauer aber in Frage gestellt.

Neben den konventionellen Rohstoffen wie Zuckerrohr, Mais, Weizen und Roggen bieten jedoch Rohstoffe auf der Basis von Lignocellulose (LCB), beispielsweise Ganzpflanzen und landwirtschaftliche Reststoffe sowie Abfallstoffe, eine interessante Alternative. Lignocellulose kommt ubiquitär und in großen Mengen vor und bietet prinzipiell eine nahezu unerschöpfliche regenerative Energiequelle für die Produktion von Bioethanol. Damit könnten Brennereien neben auf Stilllegungsflächen produzierten schnell wachsenden Pflanzen wie beispielsweise Miscanthus auch landwirtschaftliche Nebenprodukte oder Grüngut nutzen und somit die Rohstoff- und Erzeugungskosten reduzieren. In Bayern fallen jährlich etwa 8 Mio m³ landwirtschaftlich nicht genutztes Grüngut vorwiegend aus Brachflächen an [18]. Die zur Produktion von Bioethanol eingesetzten Rohstoffe, wie Mais oder verschiedene Getreidesorten lassen sich zudem nicht nur als Korn, sondern auch als Ganzpflanzen und damit zu niedrigeren Gestehungskosten einsetzen.

F & E Arbeiten des ATZ Entwicklungszentrums im Bereich Bioethanol

Das ATZ Entwicklungszentrum hat mit der Arbeitsgemeinschaft „Bioethanol" im Auftrag des Freistaats Bayern, vertreten durch das Staatsministerium für Landwirtschaft und Forsten, eine Studie zur Produktion von Bioethanol aus LCB durch Biokonversion im Juni 2005 abgeschlossen, in der die Potenziale und der Stand der Wissenschaft und Technik ermittelt wurden.

Die interdisziplinäre Arbeitsgemeinschaft, deren Koordination durch das ATZ Entwicklungszentrum erfolgte, setzte sich aus dem Lehrstuhl für Energiewirtschaft und Anwendungstechnik, TU München (Prof. Dr.-Ing. Ulrich Wagner), dem Lehrstuhl für Technologie Biogener Rohstoffe, TU München (Prof. Dr.-Ing. Martin Faulstich), dem Lehrstuhl für Energie- und Umwelttechnik der Lebensmittelindustrie, TU München (Prof. Dr.-Ing. Roland Meyer-Pittroff), dem Fachgebiet Mikrobiologie, TU München (Prof. Dr. Walter Staudenbauer, Dr. W. H. Schwarz) und der ia-GmbH Wissensmanagement und Ingenieurleistungen, München zusammen.

Die Herstellung von Bioethanol aus lignocellulosehaltiger Biomasse (LCB) macht im Unterschied zum Rohstoff Saccharose oder Stärke sowohl eine Modifikation des Rohstoffaufschlusses als auch der notwendigen Enzyme zur Verzuckerung erforderlich. Die in der LCB enthaltenen Pentosen können jedoch von herkömmlichen traditionell eingesetzten Gärhefen (Saccharomyces spec) nicht zu Ethanol umgesetzt werden, so dass vor allem in den USA genetisch modifizierte Mikroorganismen entwickelt und patentiert wurden, die auch eine Verwertung der in LCB vorkommenden Pentosen ermöglichen [15, 16, 17, 19, 20, 21]. International bestehen Demonstrationsanlagen zur LCB–Bioethanolproduktion beispielsweise bei der Iogen Corporation, Kanada mit dem Rohstoff Weizenstroh und der BC International, USA, mit dem Rohstoff Zuckerrohrbagasse [22, 23]. Weitere Projekte in den USA aber auch in Europa, z.B. in Schweden, sind in Vorbereitung. Eine aktuelle Übersicht zu LCB-Konversionsverfahren findet sich bei [24].

Das ATZ Entwicklungszentrum arbeitet bereits seit mehreren Jahren an einem Verfahren zur dezentralen Erzeugung von Bioethanol, das im Rahmen eines von der Fachagentur Nachwachsende Rohstoffe e.V., Gülzow, geförderten Vorhabens, aktuell in einer ersten Projektphase in einer landwirtschaftlichen Brennerei und in einer ATZ Thermo-Druck-Hydrolyse (TDH) Pilotanlage erprobt wird. Projektpartner ist die Brennereigenossenschaft Kemnath am Buchberg und der Lehrstuhl für Technologie Biogener Rohstoffe, TU München.

Bild 8 zeigt ein vereinfachtes Verfahrensschema der geplanten Anlage, die gemeinsam mit einer Biogasanlage betrieben werden soll, um Synergien im Bereich des Wärmemanagements zu nutzen. Das dezentrale Anlagenkonzept ermöglicht eine hohe Wertschöpfung direkt vor Ort. Die Integration eines ergänzenden Absolutierungs- und Aufbereitungsverfahrens zur direkten Kraftstoffherstellung vor Ort wird aktuell geprüft.

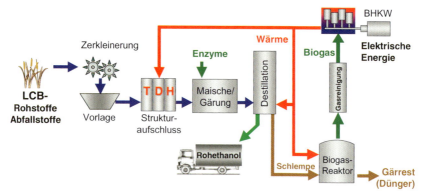

Bild 8: Konzept des ATZ Entwicklungszentrums zum optimierten Betrieb einer landwirtschaftlichen Brennerei

Die lignocellulosehaltige Biomasse wird nach gegebenenfalls erforderlicher Zerkleinerung in einer kontinuierlich betriebenen Thermo-Druck-Hydrolyse(TDH)-Anlage aufgeschlossen. Die Zufuhr der Prozesswärme erfolgt durch integrierte Wärmetauscher mittels eines Thermoölkreislaufes. In der Maische erfolgt durch die Zugabe von Enzymen und Mikroorganismen eine enzymatische Verzuckerung und Ethanolfermentation. Das gebildete Ethanol wird in der vorhandenen Destillationskolonne der Brennereigenossenschaft abdestilliert. Die verbleibende Schlempe und gegebenenfalls weitere landwirtschaftliche (Neben)Produkte wie Wirtschaftsdünger und NaWaRo werden in einer Biogasanlage anaerob behandelt. Das erzeugte Biogas wird nach einer Entschwefelung in einem BHKW zur Erzeugung von Strom und Wärme genutzt. Die erzeugte elektrische Energie wird gemäß EEG vergütet.

6 Zusammenfassende Betrachtung regenerativer Flüssigkraftstoffe

Regenerative Flüssigtreibstoffe bieten eine interessante Alternative zu den fossil hergestellten Kraftstoffen und zeigen Möglichkeiten zu einer nachhaltigen Mobilität mit auf. Zur Einschätzung, welcher Anteil fossiler Kraftstoffe mittel- und langfristig durch regenerative Flüssigtreibstoffe substituierbar wäre, zeigt Bild 9 den Kraftstoffbedarf in Deutschland bis zum Jahr 2020.

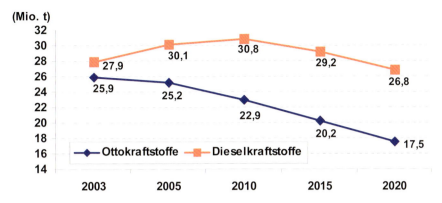

Bild 9: Kraftstoffbedarf in Deutschland bis 2020 nach [1]

Auch wenn die prognostizierten Kraftstoffmengen bis zum Jahr 2020 absinken, ergibt sich immer noch ein Bedarf von rund 44 Millionen Tonnen Otto- und Dieselkraftstoff, der durch regenerative Flüssigtreibstoffe momentan und auch wahrscheinlich zukünftig allein nicht zu decken ist.

Entsprechend Tabelle 5 unterscheiden sich die regenerativen Flüssigkraftstoffe zwar in ihren Eigenschaften, technischen Ansprüchen und den wirtschaftlichen Gesichtspunkten, haben jedoch, mit Ausnahme des Nischenprodukts Pflanzenöl, das Potenzial zur Substitution fossiler Kraftstoffe mit beizutragen.

Pflanzenöle unterscheiden sich aufgrund ihrer hohen Viskosität und ihres sehr hohen Flammpunkts deutlich vom Dieselkraftstoff, während Biodiesel und BTL-Kraftstoffe in sehr hohem Maß mit den Eigenschaften fossilen Diesels übereinstimmen. Bioethanol lässt sich sehr gut mit Ottokraftstoffen vergleichen, weist zwar einen geringeren Heizwert, jedoch eine sehr hohe Oktanzahl auf, die auch eine Umwandlung zu ETBE als „Antiklopfmittel" ermöglicht.

In den dicht besiedelten Ländern Mitteleuropas wird sich eine vollständig autarke Versorgung mit regenerativen Kraftstoffen allein jedoch kaum realisieren lassen. Nach einer Expertengruppe der Bundesregierung bieten hierzu ergänzend auch die Entwicklung noch effizienterer Diesel- und Ottomotoren, neue Motorenkonzepte wie Hybridantriebe und Wasserstoff in Brennstoffzellen-Fahrzeugen eine Möglichkeit, den Bedarf an fossilen Kraftstoffen zu senken. Langfristig wird mit einem Anteil von bis zu 25% der in Deutschland produzierten regenerativen Treibstoffe an der gesamten Kraftstoffversorgung im Jahr 2020 gerechnet [4].

Tabelle 5: Charakteristische Kenndaten regenerativer Flüssigkraftstoffe im Vergleich zu fossilen Kraftstoffen verändert nach [1].

	Dichte [kg/l]	Heizwert [MJ/kg]	Heizwert [MJ/l]	Viskosität bei 20°C [mm^2/s]	Cetanzahl	Oktanzahl (ROZ)	Flammpunkt [°C]	Kraftstoffäquivalenz [l]
Dieselkraftstoff	0,84	42,7	35,87	5,0	50	-	80	1
Rapsöl	0,92	37,6	34,59	74,0	40	-	317	0,96
Biodiesel	0,88	37,1	32,65	7,5	56	-	120	0,91
BTL-Kraftstoff (Fischer-Tropsch)	0,76	43,9	33,45	4,0	>70	-	88	0,93
Normalbenzin	0,76	42,7	32,45	0,6	-	92	<21	1
Bioethanol	0,79	26,8	21,17	1,5	-	>100	<21	0,65
ETBE (Ethyl-Tertiär-Butyl-Ether)	0,74	36,4	26,93	1,5	-	102	<22	0,83
MTBE (Methyl-Tertiär-Butyl-Ether	0,74	35,0	25,90	0,7	-	102	-28	0,80

Die bestehenden und geplanten Großanlagen zur Biodiesel-, Bioethanol- und BTL Kraftstoffproduktion leisten bereits heute einen wichtigen Beitrag zur schrittweisen Substitution fossiler Kraftstoffe, müssen jedoch im Bereich der Bioethanol- und BTL-Kraftstoff-Produktion mit innovativen Verfahren optimiert und ergänzt werden. In ländlich strukturierten Räumen erfolgt sicher auch in Zukunft eine Diskussion und Umsetzung dezentraler Konzepte zur Herstellung regenerativer Flüssigkraftstoffe, da dies in der Regel zur höchsten Wertschöpfung innerhalb einer Region beiträgt.

7 Literatur

[1] Fachagentur Nachwachsende Rohstoffe e.V.: Basisdaten Biokraftstoffe. Gülzow, 2005

[2] Bundesministerium für Wirtschaft und Technologie: Nationales Klimaschutzprogramm, Beschluss der Bundesregierung vom 18. Oktober 2000 sowie Nachhaltige Energiepolitik für eine zukunftsfähige Energieversorgung. Energiebericht, Berlin 2001

[3] Mineralölsteuergesetz (MinöStG) vom 21. Dezember 1992 (BGBl. I S. 2150, 2185, 1993 I S. 169, 2000 I S. 147) mit der Änderung vom 1. Januar 2004

[4] Fachagentur Nachwachsende Rohstoffe e.V.: Biokraftstoffe, Pflanzen, Rohstoffe, Produkte, Gülzow 2005

[5] Brautsch, M.: „regOel" regionales, regeneratives Pflanzenöl, Kurzfassung des Endberichts zum Vorhaben AP100 Technisch wissenschaftliche Grundlagen der Pflanzenöltechnik. www.regoel.de, 2004

[6] Internetseite www.biodieselverband.de

[7] Internetseite www.biodiesel.de

[8] Internetseite www.bio-energie.de

[9] Quicker, P., Mocker, M., Faulstich, M.: Energie aus Klärschlamm. In Faulstich M. (Hrsg.): Verfahren und Werkstoffe für die Energietechnik, Band 1 – Energie aus Biomasse und Abfall, Förster Verlag, Sulzbach-Rosenberg 2005

[10] Faulstich, M., Schieder, D., Quicker, P.: Energie aus Biomasse. In media mind (Hrsg.): Umwelttechnologie und Energie in Bayern, Profile, Portraits, Perspektiven, Partner der Welt, München 2005

[11] Rudloff, M.: Synthesegas aus Biomasse-Technologien der Fischer-Tropsch-Kraftstoffe, Tagungsband Kraftstoffe der Zukunft 2004, Bundesverband Bioenergie e.V., Bonn 2004, S. 97-106

[12] Schmitz, N. (Hrsg.): Innovationen bei der Bioethanolerzeugung, Schriftenreihe Nachwachsende Rohstoffe, Band 26, Landwirtschaftsverlag GmbH, Münster 2005

[13] Rethwilm, H.: O2DieselTM, Tagungsbeitrag beim Kongress „Bioethanol als Kraftstoff", Bonn 02. Mai 2005

[14] Schlegel, H.G.: Allgemeine Mikrobiologie. Georg Thieme Verlag, Stuttgart 1985

[15] Ingram, L. O., et al.: Enteric bacterial catalysts for ethanol production. Biotechnol. Progr. 15, 1999

[16] Moniruzzaman, M., Ingram, L. O.: Ethanol production from dilute acid hydrolysate of rice hulls using genetically engineered Escherichia coli. Biotechnol. Lett. 20, 1998

[17] Zaldivar, J., Nielsen, J., Olssoon, L.: Fuel ethanol production from lignocellulose: a challenge for metabolic engineering and process integration. Appl. Microbiol. Biotechnol. 56, 2001

[18] Mitterleitner, H.: Vergärung von Gras, Silage und Heu in landwirtschaftlichen Biogasanlagen – Potentiale, Versuchsergebnisse, Nutzen. Veröffentlichung der Bayer. Landesanstalt für Landtechnik (TU München), 2000

[19] Parisi, F.: Advances in Lignocellulosic Hydrolysis and in the Utilization of the Hydrolyzates. In: Advances in Biochemical Engineering /Biotechnology 38, Ed: A. Fiechter, Springer-Verlag, Berlin 1989

[20] Schmitz, N. (Hrsg): Bioethanol in Deutschland. Schriftenreihe Nachwachsende Rohstoffe, Band 26, Landwirtschaftsverlag GmbH, Münster 2003

[21] Wagner, U., Igelspacher, R.: Ganzheitliche Systemanalyse zur Erzeugung und Anwendung von Bioethanol im Verkehrssektor. Landtechnische Berichte aus Forschung und Praxis – Gelbes Heft 76, Bayerisches Staatsministerium für Landwirtschaft und Forsten, München 2003

[22] Internetseite www.logen.ca

[23] Internetseite www.bcintlcorp.com

[24] Schieder, D., Prechtl, S., Igelspacher, R., Antoni, D., Schwarz, W.H., Kroner, Th., Faulstich, M., Wagner, U., Meyer-Pittroff, R., Bauer, W., Staudenbauer, W.: Bioethanol aus lignocellulosehaltiger Biomasse – Potenziale und Technologien, Tagungsband Kraftstoffe der Zukunft 2004, Bundesverband Bioenergie e.V., Bonn 2004

Martin Faulstich [Hrsg.]

Fachtagung Verfahren & Werkstoffe für die Energietechnik

Band 1 – Energie aus Biomasse und Abfall

Stand und Perspektiven der energetischen Biomassenutzung

Prof. Dr.-Ing. Markus Brautsch

Fachbereich Maschinenbau/Umwelttechnik

Fachhochschule Amberg-Weiden

Amberg

ATZ Entwicklungszentrum, Sulzbach-Rosenberg

Verlag Förster Druck und Service, Sulzbach-Rosenberg

1 Einleitung

Wenn auch die Industrie in unseren Breiten auf die direkte Nutzung der Sonnenenergie verzichten kann, so rückt doch unausweichlich der Tag näher, an dem sie aus Brennstoffmangel auf die Leistung anderer Naturkräfte wird zurückgreifen müssen. Wir zweifeln nicht daran, dass sie noch lange von der gewaltigen Wärmekraft der Steinkohle- und Erdölvorkommen profitieren wird. Aber diese Vorkommen werden sich zweifellos erschöpfen.

(Augustin Mouchot 1879)

Dieses Zitat von Mouchot deutet bereits im Jahre 1879 die zunehmende Verknappung der fossilen Energie- und Rohstoffreserven an. Es stammt aus einer Zeit, in der ca. 2 Mrd. Menschen auf der Erde – so viele wie heute in China und Indien zusammen – gelebt haben. Die Versorgungsproblematik mit Energie hat sich seitdem durch ein gigantisches Bevölkerungswachstum verstärkt. Ausgehend von einem Weltprimärenergiebedarf im Jahre 2000 von 423 EJ/a wird die Entwicklung des Primärenergiebedarfs insbesondere von der Energieproduktivität (d.h. der pro Einheit Bruttosozialprodukt eingesetzten Energiemenge) abhängig sein. In unterschiedlichen Szenarien (vgl. Bild 1) wird der Weltprimärenergiebedarf im Jahre 2050 bei einem Bevölkerungswachstum bis auf 10 Mrd. Menschen zwischen 1169 EJ/a und 431 EJ/a prognostiziert. Sämtliche Szenarien legen unterschiedliche Energieproduktivitäten jedoch einen Ausbau der erneuerbaren Energien zugrunde.

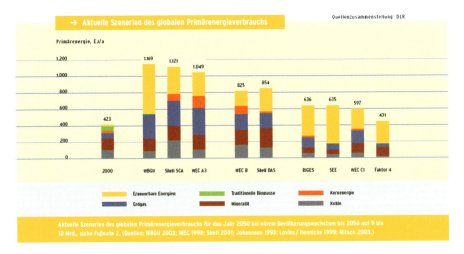

Bild 1: Unterschiedliche Szenarien zur Entwicklung des Weltprimärenergiebedarfes

Mit Blick auf Deutschland und insbesondere Bayern hat die energetische Biomassenutzung (Strom und/oder Wärme und Biokraftstoffe) die höchsten Wachstumspotentiale aller erneuerbaren Energieformen (Bild 2). Biogene Rohstoffe können oftmals mit bestehenden landwirtschaftlichen Infrastrukturen bereitgestellt werden und über unterschiedliche Konversionsverfahren in Strom und/oder Wärme gewandelt werden bzw. als Kraftstoffe genutzt werden.

Dadurch kann die Abhängigkeit von fossilen Energieimporten reduziert, und ein wichtiger Beitrag zum Klimaschutz geleistet werden.

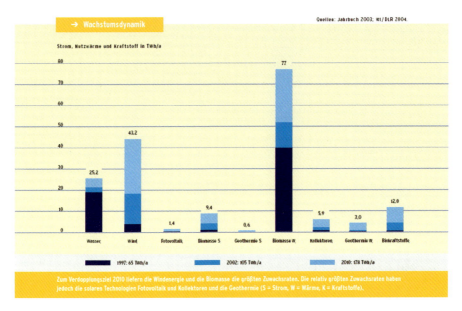

Bild 2: Die Zuwachsraten erneuerbarer Energien, insbesondere von Biomasse

2 Energiewandlungsverfahren im Überblick – technische Entwicklungsgrade

Die energetische Nutzung biogener Rohstoffe ist vielfältig und technologisch unterschiedlich weit entwickelt. Biogene Rohstoffe stehen als Pflanzenrückstände, Energiepflanzen, Ölpflanzen, Zucker- oder Stärkepflanzen und tierische Rückstände zur Verfügung. Über unterschiedliche Konversionsprozesse können Festbrennstoffe, Spaltgase, Pyrolyseöle, Pflanzenöle, Pflanzenölmethylester, Bioethanol, Methanol, Methan und Biogas bereitgestellt werden, welche wiederum über unterschiedliche Energiesysteme in Wärme und/oder Strom gewandelt bzw. als Biokraftstoffe in Verbrennungsmotoren genutzt werden (Bild 3).

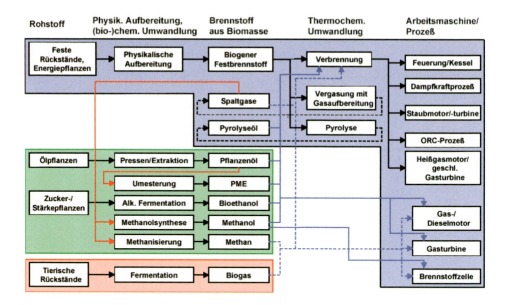

Bild 3: Unterschiedliche Biomassekonversionsverfahren und Energiesysteme zur Bereitstellung von Strom und/oder Wärme (Quelle: Gülzower Fachgespräche: Energetische Nutzung von Biomasse durch Kraftwärmekopplung).

Im technischen Vergleich unterschiedlicher Prozesse sind biomassebefeuerte Energiesysteme zur ausschließlichen Wärmebereitstellung (z.B. Holzpellets- und Hackschnitzelheizungen) technologisch ausgereift, genauso wie Dampfkraft- oder ORC-Prozesse. Desweiteren hat die Nutzung von kaltgepressten Pflanzenölen, veresterten Pflanzenölen (Rapsmethylester), vollraffinierten Pflanzenölen, Bioethanol und Biogas in Verbrennungsmotoren Marktreife erlangt. Biogen befeuerte Turbinen und Mikrogasturbinen befinden sich heute ebenso wie Stirlingmotoren und Holzgasmotoren oftmals im Stadium von Pilot- und Versuchsanlagen. Die Nutzung von Methanol, Methan oder Biogas in Brennstoffzellen ist Gegenstand aktueller Forschungs- und Entwicklungsarbeiten (vgl. Bild 4). Die Entwicklung von Getreide- und strohbefeuerten Heizungssystemen ist Ziel eines aktuellen FuE-Vorhabens an der Fachhochschule Amberg-Weiden und dem ATZ Entwicklungszentrum.

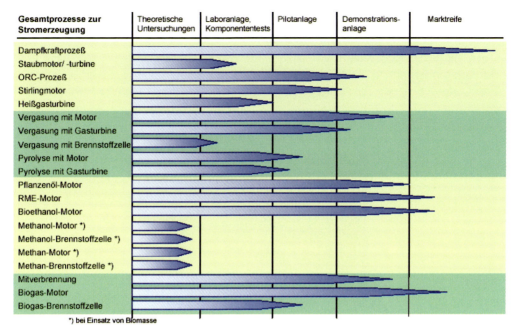

Bild 4: Technologische Entwicklungsgrade unterschiedlicher Energiewandlungsverfahren
(Quelle: Gülzower Fachgespräche: Energetische Nutzung von Biomasse durch Kraftwärmekopplung)

3 Stand der Technik und Perspektiven ausgewählter Energiesysteme

Im folgenden Kapitel sollen verschiedene Energiesysteme zur Stromerzeugung aus Biomasse exemplarisch am Beispiel von motorischen BHKW-Systemen im Pflanzenöl- und Holzgasbetrieb, Stirlingmotoren, ORC-Prozessen und Mikrogasturbinen, sowie Methanolbrennstoffzellen dargestellt werden. Bei den dargestellten Prozessen handelt es sich mit Ausnahme der Methanolbrennstoffzelle um Kraft-Wärme-Kopplungssysteme. Das Prinzip der Kraft-Wärme-Kopplung beschreibt die effektive gleichzeitige Bereitstellung von Strom und Wärme aus einem thermodynamischen Prozess. Der Gesamtnutzungsgrad kann durch die gekoppelte Strom- und Wärmebereitstellung bis auf 90 % steigen.

3.1 Die Nutzung kaltgepresster Pflanzenöle in Blockheizkraftwerken

Während in Bayern für die Gewinnung biogener Flüssigkraftstoffe der Anbau von Winterraps die entscheidende Rolle spielt, können weltweit eine Fülle von Ölpflanzen, z.T. auch wesentlich ertragreichere Ölfrüchte, angebaut werden. Im Hinblick auf die motorische Nutzung der Kraftstoffe und die unterschiedlichen physikalisch-chemischen Kraftstoffeigenschaften, insbesondere der höheren Viskosität und Flammpunkte, werden konventionelle Serienstationärdieselmotoren thermodynamisch und peripher modifiziert.

Durch die Einbringung eines Drucksensors über einen Glühkerzenadapter (Bild 5) kann die Drucksteigerungsrate im Motor im Dieselbetrieb erfasst werden und über Modifikationen am Einspritzdruck bzw. dem Förderbeginn an den Betrieb mit Rapsöl angepasst werden (Bild 6).

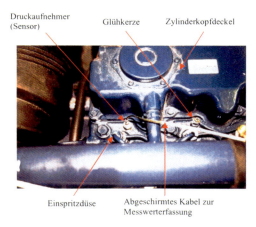

Bild 5: Die Montage eines Drucksensors zur Erfassung des Zylinderdruckverlaufs

Als Ergebnis umfangreicher Modifikationsschritte an der Motorperipherie und der motorischen Verbrennung kann Rapsöl Dieselkraftstoff technisch zuverlässig substituieren.

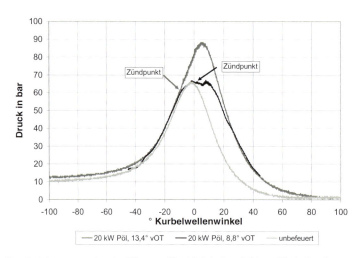

Bild 6: Die Drucksteigerungsraten im Pflanzenölbetrieb bei variablem Förderbeginn

Derzeit sind deutschlandweit ca. 300 pflanzenölbetriebene BHKW-Systeme in umweltsensiblen Gebieten (DAV Hütten und Trinkwasserschutzgebieten) sowie im Netzparallelbetrieb mit bis zu 30.000 Volllaststunden im Leistungsspektrum von 5-50 kW elektrischer Leistung im Betrieb.

3.2 Die Nutzung von Holzgas und Pflanzenöl im Dual-Fuel Betrieb

Als Gegenstand aktueller Forschungs- und Entwicklungsarbeiten (Forschungsprojekt der High-Tech-Offensive Zukunft Bayern an der Fachhochschule Amberg-Weiden) wird der Dual-Fuel Betrieb mit Holzgas und Pflanzenöl untersucht. Ziel ist die Entwicklung einer kombinierten autarken Holzvergaser-BHKW-Einheit. Das Holzgas wird extern der Zuluft zugemischt (Bild 7) und im speziell angepassten Verbrennungsmotor über einen Pflanzenölzündstrahl verbrannt.

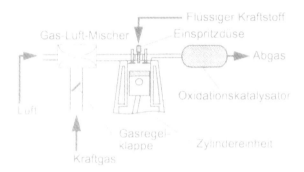

Bild 7: Die Beimischung von Kraftgas (Holzgas) in einem BHKW im Dual-Fuel Betrieb
(Quelle: Spitz, M.: Kraftgas aus Holz zur alternativen Verwendung in Zündstrahl-Dieselmotoren)

Zur Holzgaserzeugung haben sich im Leistungsbereich < 1 MW Festbettvergaser in verschiedenen Bauarten durchgesetzt. Für den stationären Einsatz in Verbindung mit Verbrennungsmotoren eignen sich vor allem Doppelfeuervergaser (vgl. Bild 8), die hohe Umsetzungsgrade bei gleichzeitig geringem Teer- und Partikelgehalt im Rohgas erreichen. Das aus dem Vergaser austretende Rohgas wird vor der Nutzung im Motor üblicherweise über eine nasse Gaswäsche gereinigt und gekühlt, um einen sicheren Motorbetrieb zu gewährleisten.

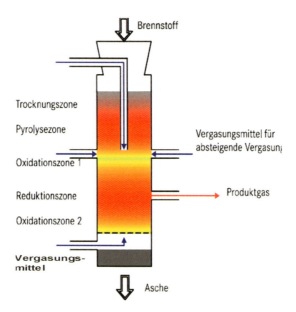

Bild 8: Schematischer Aufbau eines Doppelfeuervergasers (Quelle: Obernberger Ingwald, „Thermische Nutzung fester biogener Brennstoffe")

Bislang fehlen Langzeiterfahrungen im stabilen Dauerbetrieb von Holzvergasersystemen, vor allem im Hinblick auf die motorische Nutzung. Mittelfristig stellt die Holzvergasung eine interessante Perspektive zur dezentralen Strombereitstellung aus Holz dar, insbesondere im kleineren Leistungsbereich bis etwa 500 kW elektrischer Leistung, in dem Dampfkraft- und ORC-Prozesse technisch und wirtschaftlich oftmals nicht sinnvoll realisierbar sind.

3.3 Der biomassebefeuerte Stirling Motor im KWK Betrieb

Stirling Motoren zeichnen sich gegenüber klassischen Verbrennungsmotoren durch äußere Wärmezufuhr aus. Damit besteht die Möglichkeit der direkten Kopplung von Stirlingmotoren an Biomassefeuerungssysteme. Stirlingmotoren sind in einem Leistungsspektrum von 5-75 kW elektrischer Leistung als Kleinserienprodukt verfügbar. Bild 9 zeigt den Aufbau einer KWK Pilot-Einheit mit 300 kW Feuerungsleistung, 219 kW thermischer Leistung und 35 kW elektrischer Leistung. Während die Stromkennzahl in motorischen BHKW-Systemen bei ca. 0,4 liegt, fällt diese bei Stirling KWK-Einheiten auf ca. 0,12.

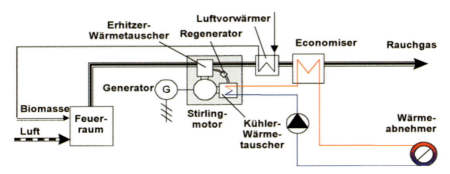

*Bild 9: Aufbau einer biomassebefeuerten Stirling KWK-Einheit im Pilotmaßstab
(Quelle: BIOS Bioenergiesysteme GmbH)*

Biomasse-Stirling-Systeme werden derzeit in ausgewählten Demonstrationsvorhaben untersucht. Probleme zeigen sich im Bereich der Dauerstandsfestigkeit motorischer Werkstoffe, insbesondere den Dichtungen.

3.4 Der Biomasse ORC (Organic Rankine Cycle) Prozess

Die von der Biomassefeuerung erzeugte Wärme wird über einen Thermoölkessel an den ORC-Prozess übertragen. Thermoöl wird als Wärmeträgermedium verwendet, da dadurch die für den Betrieb des ORC-Prozesses erforderlichen Temperaturen (Thermoöl-Vorlauftemperatur 300°C) erreicht werden können und gleichzeitig ein praktisch druckloser Kesselbetrieb möglich ist. Durch die von dem Thermoöl an den ORC-Prozess übertragene Wärme wird das eingesetzte organische Arbeitsmedium verdampft. Der Dampf gelangt zu einer langsam laufenden Axialturbine, in der er unter Entspannung mechanische Arbeit leistet. Der entspannte Dampf wird einem Regenerator zur internen Wärmerückgewinnung zugeführt, der den elektrischen Wirkungsgrad erhöht. Anschließend gelangt der Arbeitsmitteldampf in den Kondensator. Die von dort abgeführte Wärme kann als Prozess- bzw. Fernwärme genutzt werden. Über eine Pumpe wird das Kondensat schließlich wieder auf Betriebsdruck gebracht und dem Verdampfer zugeführt. Damit ist der ORC-Kreislauf geschlossen (Bild 10).

Das aus der Biomassefeuerung austretende Rauchgas wird in einem Multizyklon vorentstaubt und dann einer Rauchgaskondensationsanlage zugeführt, in der ein Großteil der noch im Rauchgas enthaltenen fühlbaren und latenten Wärme rückgewonnen wird, die ebenfalls als Fern- und Prozesswärme genutzt werden kann. ORC Prozesse arbeiten im Leistungsspektrum von 400 kW – 1500 kW elektrischer Leistung.

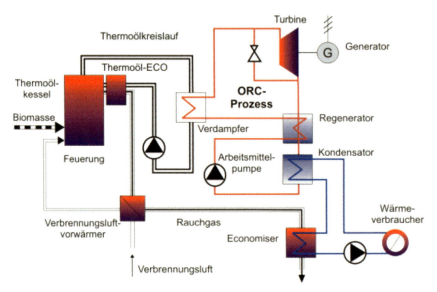

Bild 10: Aufbau eines biomassebefeuerten ORC-Prozesses im KWK Betrieb
(Quelle: BIOS Bioenergiesysteme GmbH)

ORC-Prozesse wurden bisher erfolgreich in geothermischen Anwendungen eingesetzt und sind technisch ausgereift. Seit einigen Jahren werden Betriebserfahrungen mit Biomasse gesammelt. ORC-Anlagen werden derzeit vor allem in Österreich in Betrieb genommen.

3.5 Die Mikrogasturbine im Biogasbetrieb

Mikrogasturbinen werden bei Drehzahlen von bis zu 120.000 Umdrehungen pro Minute und hohem Luftüberschuss betrieben, der dabei erzeugte hochfrequente Wechselstrom wird über Frequenzumrichter in 50 Hz Netzstrom gewandelt. Mikrogasturbinen zeichnen sich aufgrund ihrer Luftlagertechnik durch geringen Verschleiß und Wartungszyklen von bis zu 10.000 Betriebsstunden aus und werden in einem Leistungsspektrum bis zu 500 kW elektrischer Leistung eingesetzt. Gegenüber Verbrennungsmotoren zeigen sie gute Teillastwirkungsgrade, eine höhere Toleranz gegenüber unterschiedlichen Gasqualitäten, eine höhere H_2S-Toleranz und geringere Schallemissionen.

Speziell im Biogasbetrieb liegen jedoch noch wenige Betriebserfahrungen vor. Die erreichbaren elektrischen Wirkungsgrade liegen derzeit bei ca. 25%, die Gesamt-nutzungsgrade bei ca. 85%. Bild 11 zeigt den Versuchsaufbau einer Mikrogasturbine, die im Forschungsbetrieb mit Biogas betrieben wird.

Stand und Perspektiven der energetischen Biomassenutzung

Bild 11: Der Betrieb einer Mikrogasturbine mit Biogas am Prüfstand (Quelle: ISET Hanau)

3.6 Die Biomethanolbrennstoffzelle

Die Brennstoffzellentechnologie zur dezentralen Stromerzeugung auf Basis von Methanol in hybriden Netzen befindet sich derzeit in der Demonstrationsphase und ist bisher nur im kleinen Leistungsbereich (< 1 kW) verfügbar. Der Vorteil der Direktmethanolbrennstoffzelle gegenüber Wasserstoffbrennstoffzellen liegt vor allem in der leichten Handhabbarkeit des flüssigen Brennstoffs Methanol gegenüber dem gasförmigen Wasserstoff. Bild 12 zeigt das Funktionsprinzip der Direktmethanolbrennstoffzelle (DMFC). Auf der Anodenseite, die von einer protonenleitenden Membran von der Kathodenseite getrennt ist, wird ein Methanol-Wasser-Gemisch zugeführt. Im Kontakt mit dem Katalysatormaterial Platin gibt das Methanol Elektronen ab, die über einen Stromkreis zur Kathodenseite wandern, während die ebenfalls entstehenden Protonen (Wasserstoffionen) über die Membran zur Kathodenseite wandern und sich dort mit Luftsauerstoff und den Elektronen zu Wasser verbinden. Auf der Anodenseite wird Kohlendioxid frei. In den Stromkreis zwischen Anode und Kathode kann ein elektrischer Verbraucher geschalten werden und so elektrische Nutzenergie abgegriffen werden.

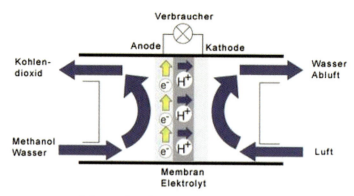

Bild 12: Das Funktionsprinzip der Methanolbrennstoffzelle (Quelle: SmartFuelCell)

Neben der Erzeugung aus fossilen Quellen kann Methanol über eine Methanolsynthese auch aus Biomasse gewonnen werden. Bild 13 zeigt das Schema der Methanolerzeugung aus Biogas.

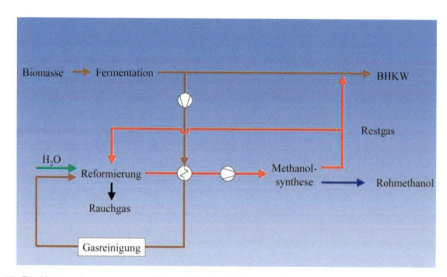

Bild 13: Die Methanolerzeugung aus Biogas (Quelle: M. Specht: Regenerative Kraftstoffe - Bereitstellung und Perspektiven)

Bisher liegen im Bereich der DMFC-Technologie Betriebserfahrungen bis zu 3000 Stunden als Backup-System in hybriden Inselnetzen auf Alpenhütten vor. Potentiale liegen vor allem bei der Anwendung in Inselnetzen und in portablen bzw. mobilen Systemen. Technologische Verbesserungen sind bei der Werkstofftechnologie, insbesondere bei der Haltbarkeit des Brennstoffzellenstacks, erforderlich, um einen sicheren Langzeitbetrieb zu gewährleisten.

4　Zusammenfassung

Besonders im Hinblick auf die steigende Versorgungsproblematik und Preisentwicklung bei fossilen Energieträgern prognostizieren Szenarien zur Entwicklung des Weltprimärenergiebedarfs einen Zuwachs erneuerbarer Energien. Die größten Wachstumspotentiale - insbesondere in Deutschland und speziell in Bayern - weist dabei die energetische Nutzung von Biomasse auf.

Biomasse lässt sich auf vielfältige Weise energetisch verwerten. Neben der klassischen Nutzung in Feuerungsanlagen zur Wärmebereitstellung verfolgen neuere Entwicklungen zunehmend das Ziel der gekoppelten Wärme- und Stromerzeugung aus Biomasse. Dampfkraft- und ORC-Prozesse, sowie Verbrennungsmotorenanlagen zur Nutzung von Pflanzenölen und Biogas können dabei als technologisch ausgereift bezeichnet werden, während im Bereich der motorischen Nutzung von Holzgas, der biogen befeuerten Turbinen, sowie der Stirling- und der Brennstoffzellentechnologie weiter Forschungs- und Entwicklungsbedarf besteht.

Pflanzenölbetriebene Blockheizkraftwerke haben mit bis zu 30.000 Betriebsstunden vor allem in umweltsensiblen Gebieten wie den Alpen und im Netzparallelbetrieb ihre Praxistauglichkeit bewiesen. Ein vielversprechender Ansatz zur Strombereitstellung aus Biomasse ist die Vergasung von Holz, zu der bisher jedoch ausreichende Langzeiterfahrungen im stabilen Dauerbetrieb fehlen. KWK-Anlagen auf Basis von Stirlingmotoren befinden sich in ausgewählten Demonstrationsanlagen in der Erprobung. Hier sind es hauptsächlich Materialprobleme die gelöst werden müssen. ORC-Prozesse haben sich bei geothermischen Anlagen bewährt und sind technisch ausgereift, jedoch fehlen auch hier Langzeiterfahrungen im Biomassebetrieb. Besonders interessant für die Nutzung von Biogas und Holzgas sind Mikrogasturbinen, die speziell bei der Toleranz gegenüber unterschiedlichen Gasqualitäten und beim Teillastwirkungsgrad Vorteile gegenüber Verbrennungsmotoren aufweisen. Methanolbrennstoffzellen sind derzeit nur im Leistungsbereich < 1 kW verfügbar. Wie bei der Stirlingtechnologie sind es auch hier hauptsächlich Materialprobleme die gelöst werden müssen, um einen sicheren Dauerbetrieb zu ermöglichen.

Langfristig gesehen werden insbesondere von den Biomassekonversionsverfahren (z.B. BTL-Kraftstoffe, biomass to liquids) und der Brennstoffzellentechnologie positive Impulse für die energetische Biomassenutzung erwartet. Bei den etablierten Energiesystemen, z.B. den Pflanzenölmotoren, werden durch den Einsatz modernster Technologien, z.B. Hochdruck-Direkteinspritzsystemen, vor allem Verbesserungen hinsichtlich Wirkungsgrad, Emissionen und Wartungsfreundlichkeit erzielt werden.

Martin Faulstich [Hrsg.]

Fachtagung Verfahren & Werkstoffe für die Energietechnik

Band 1 – Energie aus Biomasse und Abfall

Biogaseinspeisung in Gasnetze

Dipl.-Ing. Ralf Schneider

Thöni Industriebetriebe GmbH

Telfs

ATZ Entwicklungszentrum, Sulzbach-Rosenberg

Verlag Förster Druck und Service, Sulzbach-Rosenberg

1 Einleitung

Für die energetische Verwertung feuchter, relativ strukturarmer organischer Stoffe bietet sich deren Umsetzung zu Biogas an. Biogas wird überwiegend in Blockheizkraftwerken (BHKW) zu Strom und Wärme umgewandelt. Aufgrund oftmals fehlender Wärmeabnehmer ergeben sich bei der motorischen Nutzung in BHKW vergleichsweise niedrige Gesamtwirkungsgrade. Durch Aufbereitung, Einspeisung in vorhandene Erdgasnetze und anschließender Nutzung als Erdgassubstitut ist eine energieeffizientere Nutzung von Biogas möglich.

Die Qualität von Biogas wird durch dessen Gehalt an Methan, Kohlendioxid, Schwefelwasserstoff, Ammoniak und weiteren Spurengasen (z.B. halogenhaltige Verbindungen, Siloxane) sowie Wasserdampf bestimmt. Um eine Verwertung von Biogas als Erdgassubstitut zu ermöglichen, ist die Entfernung oder zumindest eine Reduktion dieser Nebenbestandteile erforderlich.

Die Salzburg AG plant die Errichtung einer Biogasanlage mit nachfolgender Einspeisung in ein Hochdrucknetz. Das erzeugte Biogas wird in mehreren Schritten aufgereinigt. Der erste Schritt der Gasreinigung ist die Entschwefelung. Diese erfolgt in einer Reaktivabsorptionskolonne mittels dreiwertigen Eisensalzen. Die Eisensalze werden in einem nachfolgenden Reaktor biologisch rückgewonnen. Anschließend wird das Biogas durch Abkühlung vorgetrocknet und einem Aktivkohleadsorber zugeführt. Dort werden noch vorhandener Schwefelwasserstoff sowie weitere möglicherweise im Biogas enthaltene Schadkomponenten, beispielsweise Siloxane und halogenierte Kohlenwasserstoffe, entfernt. Vor Verdichtung auf Netzdruck erfolgt eine Adsorptionstrocknung. In einem statischen Mischer wird das verdichtete Biogas mit der erforderlichen Menge Erdgas zusammengeführt, so dass am Einspeisepunkt die Kriterien der ÖVWG Richtlinie G31 erfüllt sind.

2 Grundlagen

2.1 Biogaszusammensetzung

Bei der anaeroben Umwandlung von organischen Verbindungen durch Mikroorganismen entstehen CH_4 und CO_2 sowie Ammoniak und Schwefelwasserstoff, sofern im Ausgangsstoff N und S enthalten sind [1]:

$$C_nH_aO_bN_cS_d \ + \ (n-\frac{a}{4}-\frac{b}{2}+\frac{3}{4}c+\frac{d}{2}) \ H_2O \ \Longrightarrow$$

$$(\frac{n}{2}-\frac{a}{8}+\frac{b}{4}+\frac{3}{8}c-\frac{d}{4}) \ CO_2 + (\frac{n}{2}+\frac{a}{8}-\frac{b}{4}-\frac{3}{8}c-\frac{d}{4}) \ CH_4 \ + \ cNH_3 \ + dH_2S \quad [1]$$

Die aus der Formel 1 errechenbaren Methanerträge entsprechen den theoretisch maximal erreichbaren Werten bei einem vollständigen Abbau der organischen Substanz. In der Praxis schwanken die Biogaserträge von 20 m³/Mg bei Gülle bis hin zu 650 m³/Mg bei Altfetten [2].

Die Zusammensetzung von Biogas hängt im Wesentlichen von der Art der eingesetzten Rohstoffe ab und kann durch die Prozessführung lediglich gering beeinflusst werden. Die durchschnittliche Biogaszusammensetzung zeigt Tabelle 1. Hauptkomponenten von in der Regel wasserdampfgesättigten Biogas sind Methan und Kohlendioxid. Mengenmäßig bedeutendster Spurstoff ist Schwefelwasserstoff. Als weitere unerwünschte Bestandteile können Ammoniak, halogenierte Verbindungen und Siloxane im Biogas enthalten sein.

Tabelle 1: Biogaszusammensetzung [2]

		Biogas	Klärgas
Hauptkomponenten:	CH_4	50 – 70 Vol.%	50 – 70 Vol.%
	CO_2	30 – 40 Vol.%	30 – 40 Vol.%
Feuchte: (mesophil)	H_2O	4 – 6 Vol.%	4 – 6 Vol.%
(thermophil)	H_2O	10 – 15 Vol.%	10 – 15 Vol.%
Spurengase:	H_2S	50 – 10.000 mg/m³	< 100 mg/m³
	NH_3	2 – 300 mg/m³	< 10 mg/m³
	Cl, F	Spuren	< 5 mg/m³
	Si-Verbindungen	Spuren	5 – 700 mg/m³
Schwebstoffe:	Staub	< 50 mg/m³	< 50 mg/m³

2.2 Biogasnutzung

Derzeit wird der überwiegende Teil des erzeugten Biogases in KWK-Anlagen zur Strom- und Wärmeproduktion genutzt. Der Einsatz von Biogas in Brennstoffzellen, die Nutzung als Kraftstoff oder Erdgassubstitut sowie als Rohstoff zur Wasserstoffproduktion befinden sich noch im Entwicklungsstadium.

Für die unterschiedlichen Arten der Biogasnutzung, die in Bild 1 dargestellt sind, ist immer ein (teilweiser) Entzug des Schwefelwasserstoffs erforderlich. Die Biogasverwertung in Brennstoffzellen, als Erdgassubstitut und für die Wasserstofferzeugung erfordert darüber hinaus eine weitergehende Gasreinigung und -aufbereitung.

Insbesondere wirkt sich die örtliche Korrosion im Bereich der unbehandelten Schweißnähte negativ aus. Im Bereich der Wärmeeinflusszone kann eine Lokalelementbildung mit Lochfraß und Korngrenzenkorrosion auftreten.

Da Kohlendioxid und Sauerstoff auch im gereinigten Biogas enthalten sind, muss eine Gastrocknung sicherstellen, dass unter den im Rohrleitungssystem auftretenden Drücken keine Taupunktsunterschreitung vorliegt.

3 Biogasreinigung

Für die Aufbereitung von Biogas zur Einspeisung in das Erdgasnetz ist eine Kombination von folgenden Grundoperationen erforderlich:

- biologische Entschwefelung zur Entfernung von Schwefelwasserstoff
- Trocknung
- Feinreinigung zur Entfernung von Ammoniak, Halogenverbindungen, Siloxanen und Schwefelwasserstoff
- Methananreicherung

3.1 Biologische Entschwefelung

Die gängigste Methode zur Reduzierung des Schwefelwasserstoffgehalts in Biogas ist die im Fermenter stattfindende biologische Entschwefelung. In landwirtschaftlichen Biogasanlagen kommt fast ausschließlich dieses Verfahren zum Einsatz, bei dem die erforderliche Luft direkt in den Fermenter geleitet wird [4].

Die für den biologischen Abbau von Schwefelwasserstoff verantwortlichen Mikroorganismen sind bereits im Gärsubstrat vorhanden. An der Phasengrenzfläche siedelnde Bakterien, sogenannte Thiobazillen, oxidieren Schwefelwasserstoff zu Schwefel und Schwefelsäure. Aufgrund der schlechten Steuerbarkeit ist eine deutlich überstöchiometrische Zugabe von Luft erforderlich. In der Praxis wurde ein Bedarf von bis zu 10 % Luft im Biogas ermittelt [5].

Unter optimalen Bedingungen kann eine Entschwefelungsrate von 95 % erzielt werden [6]. Bei einer Erhebung von Daten an 52 Biogasanlagen in Baden-Württemberg wurden bei dieser Art der Entschwefelung jedoch deutliche Abweichungen vom optimalen Betrieb beobachtet [7]. Bei 54 % der betrachteten Betriebe lag der H_2S-Gehalt im gereinigten Gas trotz Entschwefelung über 500 ppm, bei 15 % sogar über 2000 ppm. Dies zeigt, dass biologische Entschwefelungsverfahren direkt im Gasraum des Gärbehälters nur sehr unzuverlässig arbeiten.

Die bei der Entschwefelung im Fermenter auftretenden negativen Auswirkungen können durch Verwendung separater Biotropfkörper, die vom Fermenter räumlich getrennt sind, umgangen werden. Auf diese Weise sind optimale Betriebsbedingungen für die Mikroorganismen (pH-Wert, Temperatur, Oberfläche zur Immobilisierung der Mikroorganismen, Ausschleusung der Stoffwechselprodukte u.a.) hinsichtlich des Schwefelwasserstoffabbaus unabhängig vom anaeroben Abbauprozess im Fermenter einstellbar [8].

In Biotropfkörperanlagen sind die Mikroorganismen überwiegend auf statischen Trägern in Form eines Biofilms immobilisiert. Das Biogas durchströmt die Kolonne in der Regel im Gegenstrom zur Spülflüssigkeit, die Schwefelwasserstoff oxidierende Mikroorganismen und erforderliche Nährstoffe enthält. Die Spülflüssigkeit, die den gebildeten elementaren Schwefel von den Füllkörpern spült, wird im Kreis gefahren. Ein Teil der Spülflüssigkeit wird in Abhängigkeit von der Schwefelbeladung ausgetauscht, um den gebildeten elementaren Schwefel sowie weitere Stoffwechselprodukte aus dem System auszutragen. Die verbrauchte Flüssigkeit kann als schwefelhaltiger Bodenverbesserer in den landwirtschaftlichen Kreislauf zurückgeführt werden.

Mit Biotropfkörpern können Abscheidegrade von über 99% erreicht werden [9]. Bei stark schwankenden Konzentrationen im Rohgas, die im praktischen Betrieb von Biogasanlagen häufig auftreten, kann sich die Abbauleistung jedoch deutlich reduzieren. Dies liegt in der erforderlichen Adaptionszeit der Mikroorganismen an signifikant erhöhte Rohgaswerte begründet. Ein Ausgleich der Belastungsspitzen lässt sich nur durch den Einsatz von Kolonnen mit entsprechend großen Volumina oder durch die Kombination mit chemisch-physikalischen Verfahren erzielen.

3.2 Trocknung

Das bei der Vergärung anfallende Biogas ist stets mit Wasserdampf gesättigt. Eine Entfeuchtung ist grundsätzlich zur Vermeidung von Korrosionsproblemen im Erdgasnetz erforderlich. Zur Abscheidung des größten Wasseranteils wird eine Kühltrocknung eingesetzt. Im einfachsten Fall erfolgt die Kühlung in einer erdverlegten Biogasleitung, die am Tiefpunkt mit einem Kondensatabscheider versehen ist. Zur Sicherstellung definierter Kondensationstemperaturen wird optional ein Wärmetauscher eingesetzt, in dem die Abkühlung mit einem Wasser/Glykol-Gemisch erreicht wird. Das Kühlmedium wird elektrisch gekühlt.

Für die Nutzung von Biogas als Erdgassubstitut ist eine Kühltrocknung oftmals nicht ausreichend. Für eine weitergehende Entfeuchtung werden Adsorptionsverfahren eingesetzt, die als Adsorbens Molekularsiebe, Aktivkohle oder Silica-Gel verwenden. Die Regeneration der Adsorbentien erfolgt in der Regel thermisch.

3.3 Feinreinigung

Neben der Entschwefelung und der Trocknung ist für die Einspeisung von Biogas in Erdgasnetze eine weitergehende Reinigung erforderlich, welche in erster Linie die Abtrennung von Siloxanen, Ammoniak und halogenhaltiger Verbindungen (AOX) beinhaltet. Eine Grobreinigung sollte idealerweise bereits im Zuge der Entschwefelung erfolgen, um die nachgeschaltete Feinreinigung so kompakt und wirtschaftlich als möglich zu realisieren.

3.3.1 Ammoniak-Entfernung

Die Entfernung von Ammoniak erfolgt in der Regel durch Absorptionsverfahren. Ammoniak ist ein Gas, welches bei Kontakt mit wässrigen Medien eine alkalische Lösung bildet. Ammoniak lässt sich somit durch saure Medien chemisch binden.

Neben gängigen Säuren, wie Salz- oder Schwefelsäure sind als Waschmedium auch saure Eisensalzlösungen geeignet. Die Absorption erfolgt in Wäschern, in denen das Biogas im Gegenstrom zur Waschlösung über eine strukturierte Packung geleitet wird.

Eine Grobreinigung erfolgt im allgemeinen bereits in der biologischen Entschwefelung in Biotropfkörpern aufgrund des sauren Milieus sowie des Bedarfs der Mikroorganismen an Stickstoff.

3.3.2 Siloxanentfernung

Zur Abscheidung von Siloxanen sind im wesentlichen drei Verfahrenskonzepte bei Anlagen zur Biogasreinigung ausgeführt:

- Absorption in organischen Lösungsmitteln
- Kondensation
- Adsorption an Aktivkohle
- Die absorptiven Verfahren sind in der Regel als Gegenstrom-Packungskolonnen mit oder ohne Waschmittelregeneration ausgeführt. Als Absorbens werden organische Lösungsmittel spezieller Zusammensetzung oder Heizöl EL eingesetzt.
- Die Anlagen zur Kondensation werden als Kältetrockner mit Taupunkttemperatur – 30°C ausgeführt. Bei diesen Temperaturen kondensieren die Siloxane aus und werden mit dem Kondensat abgeführt. Mit dem Verfahren werden Reingaskonzentrationen kleiner 3 mg Si / m³ CH_4 ermöglicht.
- Zur Adsorption der Siloxane werden ebenfalls Aktivkohlen und Zeolithe eingesetzt. Die Anlagen sind üblicherweise ohne Regeneration ausgeführt. Hiermit sind Reingaskonzentrationen kleiner 1 mg Si / m³ CH_4 dokumentiert [10]

Unter wirtschaftlichen Gesichtspunkten sind die sorptiven Verfahren gegenüber der Kondensation zu bevorzugen.

3.3.3 AOX-Entfernung

„Adsorbierbare organische Halogenverbindungen (AOX)" werden in der Regel durch Adsorptionsverfahren abgetrennt. Als Adsorbens werden üblicherweise Aktivkohlen oder Zeolithe eingesetzt. Zur Abtrennung von Siloxanen und AOX eignet sich in erster Linie die Adsorption an Aktivkohle [11].

3.4 Methananreicherung

Für die Abtrennung von Kohlendioxid kommen gegenwärtig vorzugsweise Druckwechseladsorption sowie Druckwasserwäsche zum Einsatz. Alternativ zu Wasser können auch organische Absorptionsmittel wie Monoethanolamin oder Polyethylenglykol eingesetzt werden. Dabei wird das Kohlendioxid chemisch gebunden.

Druckwechseladsorptionsverfahren verwenden in der Regel Molekularsiebe auf Aktivkohlebasis. Bei erhöhtem Druck (3 – 9 bar) und geringer Temperatur bindet die Aktivkohle Kohlendioxid, Verunreinigungen wie H_2S, O_2, N_2 sowie Wasser. Durch Reduktion des Drucks und Erhöhung der Temperatur desorbieren die adsorbierten Stoffe und können aus dem Biogas entfernt werden. Zur Minimierung des Energieaufwands sind in der Regel mehrere Kolonnen in Reihe geschaltet, die mit gestaffeltem Druck betrieben werden. Mit dieser Technik können Methangehalte von größer 96 % erreicht werden [12].

Die Druckwasserwäsche beruht in der im Vergleich zu Methan höheren Löslichkeit von Kohlendioxid in Wasser. Druckwasserwäschen bestehen aus einer Absorptionskolonne, die bei einem Druck bis 10 bar betrieben wird, und einer nachgeschalteten Desorptionskolonne zur Regeneration des Waschwassers. Ammoniak und Schwefelwasserstoff werden ebenfalls abgeschieden [13].

Die am Markt erhältlichen Anreicherungsverfahren sind für den praktischen Betrieb an einer Biogasanlage technisch sehr komplex. In der Regel ist entsprechend ausgebildetes Fachpersonal erforderlich. Die Investitionskosten für diese Anlagen sind vergleichsweise hoch. Des Weiteren resultieren aufgrund des hohen Energiebedarfs hohe Betriebskosten, wodurch diese Verfahren oftmals wirtschaftlich sehr schwer darstellbar sind. Für die Einspeisung in Mittel- oder Niederdrucknetze ist die Methananreicherung jedoch unabdingbar.

4 Konzept der Salzburg AG

Aus wirtschaftlichen Erwägung soll bei der von der Salzburg AG geplanten Anlage auf eine Methananreicherung verzichtet werden. Die erforderliche Gasqualität wird durch eine mehrstufige Reinigung und anschließender Beimischung zu entsprechenden hohen Erdgasmengen aus einem Hochdrucknetz erzielt.

Mit sporadischen Ausnahmen in den Sommermonaten liegt der durchschnittliche Gasverbrauch zwischen 5.000 und 30.000 m^3_N/h im Hochdrucknetz der Salzburg AG. Das Erdgas weist hinsichtlich der ÖVWG-Richtlinie G31 bezüglich aller Parameter Reserven auf, um Biogas im Verhältnis von ca. 1:20 zuzumischen. Die Biogasanlage wird so dimensioniert, dass auch in den verbrauchsschwachen Sommermonaten ausreichend Erdgas zur Verfügung steht, um die in der ÖVGW-Richtlinie G31 geforderten Werte einzuhalten.

Die Gasreinigung besteht aus folgenden vier Schritten:

- Entschwefelung ThöniSulf^{minus}
- Kühltrocknung
- Aktivkohleadsorption
- Adsorptionstrocknung

Nach der Reinigung wird das Gas auf den Netzdruck von ca. 30 bar verdichtet und mittels eines statischen Mischers dem Erdgasstrom beigegeben. Im folgenden wird das Konzept ausführlicher dargestellt.

4.1 Entschwefelung ThöniSulf^{minus}

Als erster Schritt der Reinigung ist eine biologische Entschwefelung ohne direkte Zugabe von Luft in den Biogasstrom erforderlich. Diese Anforderungen werden durch ThöniSulf^{minus} erreicht.

4.1.1 Biologische Grundlagen

ThöniSulf^{minus} basiert auf dem Eisen-Bio-Prozess und besteht aus reaktiver Absorption von Schwefelwasserstoff mit Eisensalzen und biologischer Regeneration der Eisensalze. Die Oxidation des Schwefelwasserstoffs erfolgt in einem Wäscher, in dem das Biogas im Gegenstrom zu einer Waschlösung mit Fe^{3+} - Ionen geführt wird. Dabei wird bei pH-Werten kleiner 4,5 Schwefelwasserstoff zu elementarem Schwefel oxidiert. In folgender Gleichung ist die Summenreaktion in wässrigen Medien dargestellt.

$$H_2S + 2\,Fe^{3+} + 2\,OH^- \rightarrow S^0 + 2\,Fe^{2+} + 2\,H_2O$$

Die verbrauchte Waschlösung wird anschließend dem Bioreaktor zugeführt, welcher eine Mischbakterienkultur (*Thiobacillus ferrooxidans, Leptospirillum Ferrooxidans u.a.*) enthält. Diese Bakterien sind in der Lage die Fe(II)-Ionen unter Sauerstoffverbrauch zu Fe(III)-Ionen zu reoxidieren. Das entstehende Elektron wird über die Atmungskette der Bakterien auf Sauerstoff übertragen.

$$Fe^{2+} \rightarrow Fe^{3+} + e^-$$

Neben der Regenerierung der Eisensalze können insbesondere Bakterien der Gattung Thiobacillus im sauren Milieu (pH 2,5 bis 3,5) auch reduzierte Schwefelverbindungen verstoffwechseln, die gegebenenfalls noch in der Waschflüssigkeit enthalten sind.

$$2\ Fe^{2+} + \text{Mikroorganismen} + 0{,}5\ O_2 + H_2O \rightarrow 2\ Fe^{3+} + 2\ OH^-$$

$$H_2S + \text{Mikroorganismen} + 0{,}5\ O_2 \rightarrow S^0 + H_2O$$

Vorteile sind beim Eisen-Bio-Prozess bei ausreichender biochemischer Reoxidation dadurch gegeben, dass Eisenionen bei den angestrebten pH-Werten lediglich mit Schwefelwasserstoff und nicht mit Kohlendioxid reagieren. Beim Eisen-Bio-Prozess ist somit eine vollständige Regeneration des Reaktionsmittels gegeben. Der Verbrauch an Spülwasser ergibt sich lediglich durch erforderlichen Austausch zur Entfernung des elementaren Schwefels. Die Ableitung der verbrauchten Spülflüssigkeit erfolgt in das Endlager. Der gebildete Schwefel ist ein wertvoller Bodenverbesserer. Die Menge an Eisensalzen ist deutlich geringer als bei der in der Praxis durchgeführten Fällung im Fermenter. Weiterhin wird durch den sauren pH-Bereich Ammoniak aus dem Biogas nahezu vollständig entfernt. Auch bei Stillstand der Biogaseinspeisung werden die strikt aeroben Thiobazillen mit Sauerstoff versorgt und können einen Puffer an Absorptionsmittel bilden. Somit weist die biologische Entschwefelung sofort nach Wiederinbetriebnahme die geforderten Reinigungsleistung auf. Auch die in der Praxis auftretenden Schwankungen in der Schwefelwasserstoffkonzentration werden durch das vorhandenen Reservoir an dreiwertigen Eisenionen ausgeglichen. Dadurch bleibt den Mikroorganismen genügend Zeit, sich an die veränderte Gaskonzentration zu adaptieren.

Zusammengefasst ergeben sich nachfolgende Vorteile durch den Einsatz einer nachgeschalteten Entschwefelung (Eisensalzwäsche und Regeneration):

- keine zusätzlichen Gase wie Sauerstoff und Stickstoff im Biogas,
- langzeitstabile hohe Abbauraten,
- hohe Reinigungsleistungen insbesondere bei Belastungsspitzen,
- simultane Entfernung von Ammoniak.

4.1.2 Technische Beschreibung

Das Biogas wird von unten der Kolonne zugeführt und durchströmt diese von unten nach oben. Vor Eintritt in die Kolonne erfolgt optional die Luftdosierung in die Biogasleitung. Diese Maßnahme erfolgt nur bei schlechter Abbauleistung und der Sicherstellung, dass durch die Zugabe keine unzureichend hohen Konzentrationen an den Spurstoffen Stick- und Sauerstoff im Biogas erhalten werden.

Ein Seitenkanalverdichter fördert die Luft in die Absorptionskolonne und in den Pumpensumpf. Ein Kugelrückschlagventil verhindert das Ausströmen von Biogas. Mit Hilfe eines Rotameter kann die erforderliche Luftmenge (<5 %) eingestellt werden. Bei Stillstand der Gasreinigung oder des Verdichters wird die Zufuhr von Luft in die Absorptionskolonne mittels zweier Magnetventile geschlossen.

Die Spülflüssigkeit wird aus dem Sumpf mit einer Pumpe in einen Flüssigkeitsverteiler (Vollkegeldüse), der oberhalb der Schüttung angeordnet ist, gefördert. Der Verteiler gewährt eine gleichmäßige Berieselung der Schüttung, die für eine ausreichend große Stoffaustauschfläche sorgt. Durch die Berieselung werden einerseits die für die Entschwefelung benötigten dreiwertigen Eisenionen sowie Nährstoffe für die Bakterien zur Verfügung gestellt und andererseits der gebildete Schwefel aus der Schüttung gespült.

Die verbrauchte Spülflüssigkeit gelangt über ein Tauchrohr in den Pumpensumpf. Der Pumpensumpf ist mit einem Belüfter ausgestattet. Die Luftzufuhr erfolgt über einen Seitenkanalverdichter. Mit Hilfe eines Rotameters wird die erforderliche Luftmenge eingestellt. Ein Rückschlagventil verhindert das Eindringen von Wasser in die Luftleitung. Aerobe ferrooxidierende Bakterien reoxidieren die zweiwertigen Eisenionen und gegebenenfalls wird noch gelöster Schwefelwasserstoff zu Schwefel und Schwefelsäure oxidiert.

Der Pumpensumpf ist mit einer kontinuierlichen Füllstandsmessung ausgestattet. Der Füllstand wird durch Zugabe von Wasser bzw. durch Ableiten der Prozessflüssigkeit in das Endlager der Biogasanlage konstant gehalten. Bei einem oberen und unteren Grenzwert erfolgt eine Alarmmeldung. Ein zusätzlicher Schwimmschalter schaltet die Anlage bei Erreichen des Sicherheitsfüllstandes stromlos.

Die Beheizung des Pumpensumpfes erfolgt mit Warmwasser. Die Temperatur wird mittels eines PT 100 gemessen und im Bereich von 40°C geregelt.

Eine magnetgekoppelte Kreiselpumpe fördert die regenerierte Spülflüssigkeit über eine Vollkegeldüse in die Absorptionskolonne. In der Flüssigkeitsleitung ist ein Rückschlagventil integriert, das ein Ausströmen von Biogas aus der Absorptionskolonne verhindert.

4.2 Kühltrocknung

Biogas ist wasserdampfgesättigt und enthält beispielsweise bei 40°C ca. 51 g/m³ Wasserdampf. Nach erfolgter Entschwefelung wird das Biogas in Koaxialwärmetauschern auf eine Temperatur von +4°C abgekühlt. Durch die Abkühlung wird die Menge von Wasserdampf auf ca. 6 g/m³ reduziert.

Die Kühlenergie wird in einem Kryomaten elektrisch zur Verfügung gestellt. Als Kühlmedium wird ein Wasser-Glykol-Gemisch eingesetzt.

Bei der Kühltrocknung anfallende Kondensate werden in das Endlager abgeleitet.

4.3 Aktivkohleadsorption

Die der Kühltrocknung nachgeschaltete Aktivkohleadsorption dient der Restentschwefelung des Biogases sowie der Entfernung weiterer Biogasbestandteile, die schädliche Auswirkungen auf das Hochdrucknetz ausüben können. Insbesondere sollen organische Halogen- und Siliziumverbindungen sicher abgeschieden werden.

Schwefelwasserstoff adsorbiert an der Oberfläche von Aktivkohle. Anschließend erfolgt in Anwesenheit von Sauerstoff eine katalytische Oxidation zu elementarem Schwefel. Die Sauerstoffmoleküle werden hierzu ebenfalls an der Oberfläche der Aktivkohle adsorbiert und in reaktionsfähige Radikale gespalten. Die Schwefelwasserstoffmoleküle dissoziieren in Protonen und Hydrogensulfidionen. Die Hydrogensulfidionen reagieren mit den Sauerstoffradikalen zu Hydroxidionen und Schwefel, der in die Aktivkohle eingelagert wird. Die Protonen neutralisieren die Hydroxidionen zu Wasser.

Zur Regenerierung der Aktivkohle ist eine doppelt stöchiometrische Menge an Sauerstoff erforderlich. In der Praxis werden Beladungen von 0,2 – 0,5 kg Schwefel pro kg Aktivkohle erreicht. Mit steigender Beladung lässt die katalytische Aktivität durch die Blockierung der katalytisch aktiven Zentren nach, was einen Austausch der Aktivkohle bedingt. Die Kolonne kann über einen Zeitraum von ca. 2 Monaten ohne Austausch der Aktivkohle betrieben werden.

Die Adsorptionskolonne wird vom Biogas von unten nach oben durchströmt. Die Aktivkohle lagert auf einen Rost aus Edelstahl.

Die Schwefelwasserstoffkonzentration wird mittels eines elektrochemischen Sensors nach der Adsorptionskolonne bestimmt. Da aufgrund der in der Kolonne vorliegenden Strömung nur ein langsamer Anstieg der Schwefelwasserstoffkonzentration vorliegt – der Durchbruch findet nicht abrupt sondern kontinuierlich über mehrere Tage statt – ist eine diskontinuierliche Messung ausreichend. Als zusätzliche Sicherheitsmaßnahme ist eine zweite Kolonne nachgeschaltet.

Die verbrauchte Aktivkohle wird nicht in der Biogasanlage regeneriert, sondern einer externen Verwertung zugeführt.

4.4 Adsorptionstrocknung

Das Verfahren der Adsorptionstrocknung beruht auf einem rein physikalischen Vorgang, bei dem die Luftfeuchtigkeit im Trocknungsbehälter durch Adhäsionskräfte an ein Trocknungsmittel, Molekularsieb auf Zeolithbasis bzw. Silica-Gel, gebunden wird. Sind die Adhäsionskräfte des Trocknungsmittels durch Wasseranlagerungen ausgeglichen, muss es regeneriert, also wieder von der Feuchtigkeit befreit werden. Um das zu ermöglichen, verfügt der kontinuierlich arbeitende Adsorptionstrockner über zwei separate Behälter. Während einer der Behälter aktiv das Biogas trocknet, wird der zweite regeneriert.

Die Regeneration erfolgt mittels warmer Luft mit einer Temperatur von ca. 120°C. Zur Reduktion der Energiekosten wird die Abluft aus der Kompressorkühlung eingesetzt. Die weitere Erwärmung auf die erforderliche Desorptionstemperatur erfolgt mit selbstbegrenzenden elektrischen Heizbändern.

Bei der Umschaltung noch enthaltenes Biogas bzw. mit Luft verunreinigtes Biogas wird in den Gasspeicher zurückgeleitet.

Das getrocknet Gas wird mittel eines Keramik-Taupunktsensors auf den Feuchtegehalt überprüft. Der Feuchtegehalt dient ebenfalls als Maß für die Beladung der Adsorptionskolonne. Die Funktionsweise des Sensors basiert auf der Adsorption von Wasserdampf in eine nichtleitende Schicht zwischen zwei leitenden Schichten. Anhand der Änderung der Kapazität wird der Taupunkt exakt bestimmt.

Der wechselweise betriebenen Adsorptionstrocknung ist eine zusätzliche Adsorptionskolonne nachgeschaltet. Diese sorgt bei einer Betriebsstörung über einen Zeitraum von ca. 100 h für ein trockenes Gas.

Geeignete Analysegeräte prüfen permanent die Gaszusammensetzung des Mischgases und geben Regelsignale an die Regelungssoftware ab. Als Leitparameter für die Gasqualität dienen die Methan- und Kohlendioxidkonzentration, die mittels eines IR-Sensors kontinuierlich bestimmt werden. Durch regelungstechnische Anlagenkomponenten (motorisch betriebene Regel- und Absperrarmaturen) wird sichergestellt, dass vorgegebene Sollwerte für die Gaszusammensetzung für das einzuspeisende Gasgemisch exakt eingehalten werden. Die Biogaszumischmenge ändert sich weiters automatisch in Abhängigkeit des momentan zur Verfügung stehenden Erdgasvolumenstromes.

Sollte der Erdgasvolumenstrom zur Beimischung des permanent produzierten Biogases zu gering sein, wird die nicht einspeisbare Menge zur Wärmeerzeugung für die Biogasanlage verwendet oder über eine Notgasfackel abgeleitet.

4.5 Technisches Konzept der Einspeisung

Das Biogas wird in einem statischen Mischer, der in einer Bypass-Leitung zum Hochdrucknetz situiert ist, mit ca. 20 Teilen Erdgas vermischt. Der erforderliche Erdgasvolumenstrom wird mit Hilfe eines Stellventils (molchbarer Schieber) in der Hochdruckleitung geregelt. Sowohl die Menge an Biogas als auch an Erdgas wird bestimmt, so dass das Mindestverhältnis von Erdgas zu Biogas nicht unterschritten wird. Bei einem Mindestverhältnis von ca. 16:1 wird die einzuspeisende Biogasmenge reduziert. Steht nicht genügend Erdgas zur Verfügung, um die Bestimmungen am Einspeisepunkt in der Hochdruckleitung zu erfüllen, wird überschüssiges Biogas für die Beheizung der Biogasanlage genutzt oder über die Notfackel abgeleitet.

5 Zusammenfassung

Zur Einspeisung von Biogas in Erdgasnetze ist eine mehrstufige Reinigung des Biogases erforderlich. Zu entfernen sind auf jeden Fall die Begleitgase, die eine schädliche Wirkung auf die Erdgasleitung ausüben können. Insbesondere gilt dies für Schwefelwasserstoff, organische Halogen- und Siliziumverbindungen sowie für Wasserdampf. Wird Biogas in ein Netz mit geringem Verbrauch eingespeist, ist weiterhin eine Methananreicherung durch Abtrennung von Kohlendioxid notwendig.

Bei der Einspeisung in Hochdrucknetze mit ausreichendem Erdgasverbrauch kann auf die Methananreicherung verzichtet werden. Die Salzburg AG plant, vergleichsweise geringe Mengen Biogas nach Entfernung der Schadstoffe dem Erdgas beizumischen und dadurch die Kriterien der ÖVGW-Richtlinie G31 zu erfüllen. Dazu wird das Biogas im ersten Schritt biologisch entschwefelt. Nach der Kühltrocknung werden in einem Aktivkohleadsorber restlicher Schwefelwasserstoff sowie weitere Schadgase abgetrennt. Vor der Verdichtung wird das Biogas durch Adsorption an Silica-Gel getrocknet.

Mit diesem Konzept kann Biogas mit vergleichsweise niedrigen Investitions- und Betriebskosten in eine Hochdrucknetz eingespeist werden. Durch die weitere Verwendung als Treibstoff oder in wärmegeführten BHKW wird eine wesentlich effizientere Ausnutzung des Energieinhaltes des gebildeten Biogas ermöglicht.

6 Literatur

[1] Langhans, G.: Bestimmung der Gesamtausbeute aus Abfallvergärungsanlagen, in Bilitewski, B. (Hrsg.): Beiträge zur Abfallwirtschaft, Band 7, TU Dresden 1998, S. 155-164

[2] Weiland, P.: Stand und Perspektiven der Biogasnutzung und –erzeugung in Deutschland, in: Gülzower Fachgespräche „Energetische Nutzung von Biogas, Gülzow 2000

[3] Quirchmayr, G.: Gutachten zur Abklärung der Resistenz der Stahlrohr-Erdgas-Netze der Salzburg AG gegenüber aufgereinigtem Biogas, Salzburg 2004

[4] Oheimb, von R.: Betriebserfahrung mit Biogasanlagen. ATV-Seminar Biogas, Verwendung und Aufbereitung, Essen, 8.-9. Februar 1999

[5] Köberle, E.: Maßnahmen zur Verbesserung der Biogasqualität in landwirtschaftlichen Biogasanlagen. Berichte zur 8. Biogastagung, Fachverband Biogas, 1999, S. 41 – 54

[6] Schulz H.: Biogas – Praxis – Grundlagen, Planung, Anlagenbau, Beispiele. Ökobuch Staufen bei Freiburg 1996

[7] Oechsner H.: Erhebung von Daten an landwirtschaftlichen Biogasanlagen in Baden-Württemberg, Agrartechnischer Bericht Nr. 28, Universität Hohenheim, Landesanstalt für landwirtschaftliches Maschinen- und Bauwesen 1999

[8] Prechtl, S., Schneider, R., Anzer, T., Faulstich, M.: Mikrobiologische Entschwefelung von Biogas, in: Fachagentur Nachwachsende Rohstoffe e. V., Gülzower Fachgespräche, Band 21, „Aufbereitung von Biogas", 17./18. Juni 2003, S. 169 – 183

[9] Weiland, P.: Notwendigkeit der Biogasaufbereitung und Stand der Technik, in: Fachagentur Nachwachsende Rohstoffe e. V., Gülzower Fachgespräche, Band 21, „Aufbereitung von Biogas", 17./18. Juni 2003, S. 17 – 23

[10] Dichtl, N., Gschwind, S.: Siloxane im Faulgas. Tagungsband der 3. Fachtagung „Anaerobe biologische Abfallbehandlung", 4./5. Februar 2002, Dresden, S. 145 – 155

[11] Firmeninformation Jenbacher: Jenbacher AG, Jenbach 2002

[12] Firmeninformation Rütgers Carbotech: RÜTGERS CarboTech Engineering GmbH, Essen 2005

[13] Firmeninformation ECO Naturgas: ECO Naturgas GmbH, Berlin 2005

Martin Faulstich [Hrsg.]

Fachtagung Verfahren & Werkstoffe für die Energietechnik

Band 1 – Energie aus Biomasse und Abfall

Stallkühlung mit Absorptionskältemaschinen

Dipl.-Ing. Gregor Weidner

WEGRA Anlagenbau GmbH

Westenfeld

ATZ Entwicklungszentrum, Sulzbach-Rosenberg

Verlag Förster Druck und Service, Sulzbach-Rosenberg

1 Einleitung

Die Nutzung der erneuerbaren Energie in Form von Biogas in der Landwirtschaft fand bisher verstärkt Anwendung in der Kraft-Wärme-Kopplung.

Hier wurden jedoch gerade im Sommer Grenzen gezeigt, da hier die volle Nutzung des Potenzials aufgrund eines jahreszeitlich bedingten gesenkten Wärmebedarfs nicht möglich ist. Es wurde deshalb nach einem geeigneten Weg gesucht, die Abwärme sinnvoll zu nutzen. Unter Mitwirkung verschiedener Projektpartner wurde ein Konzept erstellt, das die bisherige Energieversorgung der Ställe verbessert.

Durch Einsatz einer neuartigen Absorptionskälteanlage wird die Niedertemperaturabwärme des BHKW im Sommer genutzt, um Kaltwasser bereitzustellen. Das Kaltwasser wird nun neben dem Warmwasser vom BHKW zur Klimatisierung der Ställe genutzt. Es wird dadurch nicht nur eine Reduzierung der Luftströme und damit der NH_3–Emissionen erreicht, sondern auch eine Verringerung der Tierverluste, eine Verbesserung der Zuchtergebnisse und ein verbessertes Wachstum der Tiere.

Durch Gegenüberstellung der Nutzeffekte und der Kosten der Anlage wird die Wirtschaftlichkeit der Anlage gezeigt, wobei ein finanzieller Nutzen durch z.B. NH_3–Emissionsminderung nicht verzeichnet werden konnte. Bei der Auswertung des Marktpotenziales wird jedoch deutlich, das durch die Kraft-Wärme-Kälte-Kopplung in der Landwirtschaft nicht nur Nutzeffekte für den betreffenden Landwirt, sondern auch für den Bereich Maschinen- und Anlagenbau positive Entwicklungen birgt.

2 Ausgangssituation und Lösungsansatz

Für die Nutzung erneuerbarer Energien aus Biomasse, insbesondere zur Erzeugung von Biogas, sind gegenwärtig verschiedene Anlagenkonzepte unterschiedlicher Systemanbieter am Markt verfügbar. Nahezu alle diese Systeme sind dadurch gekennzeichnet, daß aus den Einsatzstoffen z.B. Gülle und ggf. mit Zusatz von Co-Fermenten, wie z.B. Maissilage, Futterreste oder anderer Substrate Biogas erzeugt wird, das zum Antrieb von BHKW-Modulen dient. Die vom BHKW erzeugte Elektroenergie wird meist zu 100% in das Netz des örtlichen Energieversorgers eingespeist. Eine Nutzung der bei dieser klassischen Kraft-Wärme-Kopplung gleichzeitig erzeugten Wärme ist jedoch nur in seltenen Fällen, z.B. zur saisonalen Beheizung von Werkstatt- und Verwaltungsgebäuden oder aber auch für die Beheizung von Ställen zur Schweineaufzucht möglich.

Das vom Bauherrn angestrebte Nutzungskonzept für die erzeugte Wärme basiert auf der Überlegung, diese Niedertemperaturwärme zum Antrieb einer Absorberkälteanlage zu verwenden.

Damit kann die Wärme sowohl im Winter zur Beheizung als auch im Sommer zur Kühlung einer Schweineaufzuchtsanlage verwendet werden.

Nach ersten Recherchen dürfte diese Nutzungskonzeption in ihrer Gesamtheit, nämlich Biogaserzeugung aus Rinder- und Schweinegülle und Biogasnutzung zur direkten Kraft-Wärme-Kälte-Kopplung, in Thüringen noch nicht verwirklicht worden sein. Auch deutschlandweit ist nach gegenwärtigem Kenntnisstand keine vergleichbare Anwendung bekannt.

Dem Projektgedanken einer effizienten Erzeugung und Nutzung von Energie aus Biomasse wird mit dieser Anlagensystemlösung in hohem Maße Rechnung getragen.

3   Kurzbeschreibung der Anlage

Ausgangspunkt zur Biogaserzeugung im Landwirtschaftlichen Unternehmen Norbert Wirsching in 98663 Rieth bilden die verfügbaren Güllemengen einer vorhandenen Rinderstallanlage und einer gegenwärtig im Bau befindlichen Schweinezuchtstallanlage. Darüber hinaus soll Maissilage als Co-Fermentat zum Einsatz kommen.

Im Einzelnen ist von folgenden nutzbaren Potentialen auszugehen:

- Rindergülle 10.950 Mg/a mit 8% TS und 85% OTS
- Schweinegülle 1.400 Mg/a mit 6% TS und 80% OTS
- Maissilage 720 Mg/a mit 30% TS und 95% OTS

Die erzeugbare Biogasmenge beträgt ca. 1.065 m^3_{BG}/d bzw. ca. 388.725 m^3_{BG}/a.

Mit einem zugrunde gelegten unteren Heizwert von Biogas von H_U = 6,2 kWh/ m^3_{BG} beträgt die erzeugbare Energiemenge Q_{BG} = 6.603 kWh/d oder Q_{BG} = 2.410.095 kWh/a.

Diese Energiemenge ist ausreichend, um ein BHKW-Modul (Gas-Otto-Motor) anzutreiben, das folgende Leistungsdaten besitzt:

- elektrische Leistung 85 kW
- elektrische Wirkungsgrad 29,0%
- thermische Leistung 176 kW
- thermischer. Wirkungsgrad 60,1%

Das Energie-Nutzungskonzept sieht vor

- elektrische Leistung (ganzjährig) 85 kW ⇨ Einspeisung ins TEAG-Netz
- thermische Leistung (Winterhalbjahr) 176 kW
    ⇨ Beheizung des Fermenters
    ⇨ Beheizung der Schweineaufzuchtanlage
- (Sommerhalbjahr) anteilig ⇨ Beheizung des Fermenters
    (ca. 72 kW) ⇨ Antrieb der Absorptionskälteanlage

Die Absorptionskälteanlage hat eine calorische Kälteleistung von 54 kW. Damit werden, die für die Schweineaufzucht erforderlichen sommerlichen Zu- bzw. Frischluftvolumenströme bei Bedarf um etwa 6 Kelvin abgekühlt.

Der Kühlmedienkreislauf ist mit einem separaten Pufferspeicher ausgerüstet, um eine zeitliche Phasenverschiebung zwischen „Kälte"-erzeugung und Kühlbedarf ausgleichen zu können.

4 Projektpartner und Mitwirkung

Das Vorhaben „Biogasanlage mit direkter Kraft-Wärme-Kälte-Kopplung" wurde unter Mitwirkung und Zusammenarbeit folgender Partner realisiert:

①	Landw. Unternehmen Norbert Wirsching D-98663 Rieth	Bauherr
②	Lipp GmbH Maschinen + Stahlbehälterbau D-73497 Tannhausen	Lieferung und Montage des Edelstahl-Biogas-Fermenters
③	EAW Energieanlagenbau GmbH Westenfeld D-98631 Westenfeld	Lieferung und Montage des BHKW-Moduls und der Absorberkältetechnik
④	J.A.R.T. Stallbau und -Ausrüstungs GmbH D-07426 Dröbischau	Lieferung und Montage der Stalleinrichtungen und des Lüftungssystems
⑤	Verfahrenstechnisches Institut Saalfeld GmbH D-07318 Saalfeld	Gesamtplanung, Projektmanagement
⑥	Thüringer Landesanstalt für Landwirtschaft D-07743 Jena	Projektbegleitung und Beratung

5 Projektzeitraum

Der Projektzeitraum ist so gewählt worden, daß eine Einspeisung der erzeugten Elektroenergie in das Netz des örtlichen Stromversorgers (TEAG) ab Frühjahr 2002 erfolgte.

Die „konventionelle" Biogasanlage (ohne Luft- und Kältetechnik) wurde im Januar 2002 fertig errichtet. Der Fermenter wird bis zur Fertigstellung/Umbau des Schweineaufzuchtstalles mit Rindergülle beschickt.

Ab Mitte Februar erfolgt die Aufheizung des gefüllten Fermenters.

Die Einstellung der Ferkel erfolgte Anfang August 2002. Die Kälteanlage ist ebenfalls im August 2002 in Betrieb gegangen.

Bild 1: LaWiU Norbert Wirsching; Biogasfermenter 800 m^3, Stand 14.12.2001

Bild 2: LaWiU Norbert Wirsching, Blockheizkraftwerk EW I 85 S-ASY-Biogas

Bild 3: LaWiU Norbert Wirsching Absorptionskälteanlage, WEGRACAL SE 50

6 Kostenbetrachtungen und zusätzliche Nutzeffekte

Die Investitionskosten der „konventionellen" Biogasanlage für

1.		<u>Technische Hauptausrüstungen</u>
1.1		Güllepump- und Rührtechnik
1.2		Biogasreaktor und Zubehör
1.3		Technologische Bauleistungen
1.4		BHKW-Modul und Zubehör
2.		<u>Periphere Anlagentechnik</u>
2.1		Heizungsinstallation
2.2		Elektroinstallation (ohne Trafostation)
2.3		Sonstiges
3.		<u>Planung, Gebühren, Abnahmen</u>
3.1		Gesamthonorar
3.2		Gebühren

belaufen sich auf insgesamt ca. 511.000,- Euro (netto).

Mit der Möglichkeit der Inanspruchnahme von Fördermitteln aus dem Agrarinvestitionsprogramm (AIP) des Freistaates Thüringen kann eine Wirtschaftlichkeit der Anlage innerhalb von 11,5 Jahren verzeichnet werden.

Der Mehrkostenanteil für die Kälte-, Kühl- und Klimatisierungstechnik umfaßt

- die Absorberkältetechnik und Zubehör
- anteilige Lüftungs- und Kühltechnik in der Schweinezuchtanlage
- anteilige Steuer- und Regeltechnik.

Diese zusätzlichen Kosten beziffern sich auf ca. 132.000,- Euro (netto).

Mit der Stallkühlung in den Sommermonaten (98 Tage) wurden folgende zusätzliche Nutzeffekte erzielt:

- eine zusätzliche Gewichtszunahme von ca. 60 g pro Tag und Tier
- eine Verringerung der Tierverluste von 5,0% auf 2,2%
- Verringerung der Ammoniak- und CO_2-Emissionen um ca. 40%
- Verbesserung der Besamungsergebnisse

Diese für den Bauherrn zusätzlichen Nutzeffekte (ohne Emissionsminderung) wurden bislang überschläglich mit etwa 7.200,- Euro pro Jahr berechnet.

Durch die mögliche Reduzierung der Luftvolumenströme bei der Kühlung des Schweinemaststalles im Sommer können die NH_3-Emissionen künftig um ca. 652,4 kg/a vermindert werden.

Ein unmittelbarer finanzieller Nutzen für den Bauherrn kann durch die Reduzierung der NH_3-Emissionen nicht verzeichnet werden.

Es wird beabsichtigt, in Zusammenarbeit mit der Thüringer Landesanstalt für Landwirtschaft einen Nachweis dieser Nutzeffekte im Rahmen einer zweijährigen Projektbegleitung u.a. mit meßtechnischen Untersuchungen zu führen.

7 Zusammenfassung, Ausblick, Marktpotenzial

Im Freistaat Thüringen werden gegenwärtig etwa 26 Biogasanlagen betrieben, weitere Anlagen befinden sich in Planung und/oder im Bau.

Es kann davon ausgegangen werden, daß deutschlandweit mittlerweile ca. 2500 Biogasanlagen betrieben werden.

Die geschaffenen gesetzlichen Voraussetzungen mit einerseits dem im März 2000 in Kraft getretenen und 2004 novellierten Erneuerbaren-Energien-Gesetz (regelt die Einspeisevergütungen für Strom aus Biomasse) und den andererseits aufgelegten Investitionsförderprogrammen für erneuerbare Energien/CO_2-Minderungen auf Bundes- und Länderebene stellen einen interessanten wirtschaftlichen Anreiz für die künftigen Betreiber von Biogasanlagen dar.

Geht man davon aus, daß deutschlandweit der jährliche Zuwachs beim Bau von Biogasanlagen ca. 5,0% beträgt und davon etwa ein Drittel in Verbindung mit Schweinezuchtanlagen errichtet werden, so kann bei konservativen Annahmen abgeschätzt werden, daß jährlich etwa 20-40 Biogasanlagen als potentielle Interessenten für eine direkte Kraft-Wärme-Kälte-Kopplung in Frage kommen.

Neben den zu erwartenden Nutzeffekten einer Stallkühlung aus Sicht der Landwirte, z.B. einer zusätzlichen täglichen Gewichtszunahme von 60 bis 70 g pro Tier, sind weitere positive Auswirkungen im Bereich des Maschinen- und Anlagenbaus prognostizierbar.

Darüber hinaus sind Synergieeffekte für tangierende Bereiche des Maschinenbaus (z.B. spezialisierte Prozeßmeßtechnik für den landwirtschaftlichen Bereich) nicht auszuschließen.

Zusammenfassend können über die im Landwirtschaftlichen Unternehmen Norbert Wirsching in Rieth erstmals verwirklichte Anlagenkonzeption „Kraft-Wärme-Kälte-Kopplung aus einem BHKW zur Klimatisierung für einen Schweinemaststall" folgende positiven Schlußfolgerungen abgeleitet werden:

- Zusätzliches wirtschaftliches Standbein für Landwirte
- Stärkung der Wettbewerbsfähigkeit
- Effiziente Energieerzeugung und Nutzung
- Beitrag für den Umweltschutz
- Synergieeffekte z.B. für den Maschinenbau
- Erhaltung/Sicherung von Arbeitsplätzen
- ⇨ Wettbewerbsvorsprung des deutschen Know-How im Bereich der Energie- und Umwelttechnik.

Die Projektstruktur ist so angelegt, daß von vornherein Unternehmen, industrienahe Forschung und kleine und mittlere Unternehmen einbezogen sind. Die Systemlösung kann nach Abschluß des Projektes im Zusammenwirken der Partner am Markt in ein Dienstleistungsangebot im Rahmen einer gemeinsamen Vermarktungsstrategie münden.

Martin Faulstich [Hrsg.]

Fachtagung Verfahren & Werkstoffe für die Energietechnik
Band 1 – Energie aus Biomasse und Abfall

Möglichkeiten zur Nutzung der Abwärme von Biogasanlagen

Prof. Dr.-Ing. Michael Nelles, Dipl.-Ing. (FH) Thomas Fritz,
Dipl.-Wirtschaftsing. (FH) Kilian Hartmann
HAWK Hochschule für Angewandte Wissenschaft und Kunst
Fachhochschule Hildesheim/Holzminden/Göttingen
Göttingen

ATZ Entwicklungszentrum, Sulzbach-Rosenberg
Verlag Förster Druck und Service, Sulzbach-Rosenberg

1 Einleitung

Im Jahr 2004 wurden in Deutschland mehr als 2.200 Biogasanlagen betrieben und auf Basis der EEG-Novellierung im vergangenen Jahr ist alleine für 2005 mit der Errichtung von etwa 1.000 neuen Biogasanlagen zu rechnen. Bei näherer Betrachtung der realisierten bzw. sich in Planung befindenden Biogasanlagen stellt man häufig fest, dass ein wirtschaftlicher Betrieb nur dann sicher gewährleistet werden kann, wenn auch ein zielführendes Konzept zur Verwertung der Abwärme umgesetzt wird.

Vor diesem Hintergrund wird im vorliegenden Beitrag zunächst der aktuelle Stand der in Niedersachsen realisierten Biogasanlagen erläutert. Anschließend werden beispielhaft 2 bereits realisierte Konzepte zur Abwärmenutzung der Biogasanlagen der Firmen BioWend GmbH & Co. KG in Lüchow und Protein und Energie GmbH in Soltau sowie die geplanten Optionen im Bionergiedorf Jühnde vorgestellt.

2 Biogasanlagen in Niedersachsen

In Deutschland waren im Jahr 2004 ca. 2.200 Anlagen mit einer gesamten installierten Leistung von 250 MW in Betrieb. Zusammen fallen auf die Bundesländer Bayern und Niedersachsen über die Hälfte der Biogasanlagen und der installierten elektrischen Leistung. Bayern erreicht mit den vielen kleineren landwirtschaftlichen Anlagen eine installierte elektrische Gesamtleistung von 62,5 MW. In Niedersachsen stehen insgesamt 285 Anlagen mit einer gesamten installierten elektrischen Leistung von 75 MW. Damit hat Niedersachsen im Vergleich zu Bayern, mit 836 Anlagen, zwar weniger Anlagen aber die höchste installierte elektrische Anlagenleistung bundesweit [2].

Wie in Bild 1 zu sehen haben sich in Niedersachsen insgesamt drei Ballungsräume der Biogasproduktion, der Landkreis Rotenburg (Wümme), der Landkreis Soltau–Fallingbostel und Nordwest Niedersachsen heraus kristallisiert.

Möglichkeiten zur Nutzung der Abwärme von Biogasanlagen

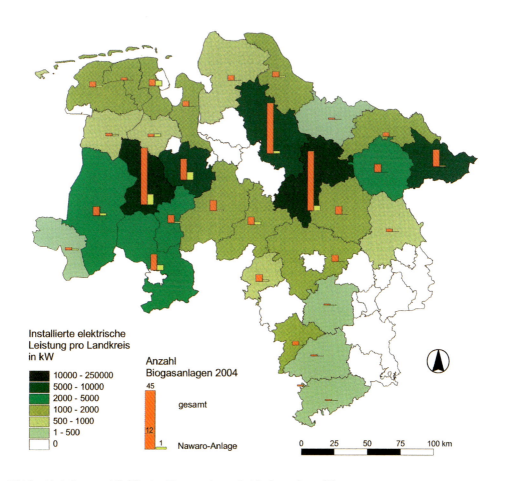

Bild 1: Verteilung und Größe der Biogasanlagen in Niedersachsen [2]

In Nordwest–Niedersachsen handelt es sich hauptsächlich um die Regionen Cloppenburg, Oldenburg und Vechta in denen der Schwerpunkt auf der Agrarproduktion und der tierischen Veredlungswirtschaft liegt. Hier liefert die sehr hohe Viehbesatzdichte die entsprechenden Mengen an Wirtschaftsdünger als Ausgangssubstrat für die Biogasanlagen. Die Anlagen werden meist in Kombination mit Maissilage, dessen Handhabung und Lagerung aus der Viehhaltung bekannt ist, betrieben.

Das hohe Potenzial an Schweinegülle in den Landkreisen Soltau–Fallingbostel und Rotenburg (Wümme) hat in diesen Regionen zu einer Häufung von Biogasanlagen geführt. Es resultiert auch hier aus den hohen Viehbesatzdichten von knapp 290 Schweinen pro 100 ha landwirtschaftlicher Fläche in Rotenburg (Wümme) und von rund 250 Schweinen pro 100 ha landwirtschaftlicher Fläche in Soltau–Fallingbostel [2].

Im Landkreis Soltau–Fallingbostel als Marktfruchtregion werden zusätzlich zur Viehveredelung vorwiegend Getreide, Zuckerrüben und Kartoffeln angebaut. Diese dienen, zusammen mit dem aus dem Anbau und der Verarbeitung resultierenden organischen Abfällen, als Co-Substrat für die Anlagen in dieser Region.

Im Landkreis Rotenburg (Wümme) werden als Co-Substrat hauptsächlich die angebauten Futterpflanzen sowie Fette und Flotate aus den in der Region ansässigen Schlachtereien eingesetzt.

Wie in Bild 2 zu sehen, ist der Grossteil - mit 61% - der bestehenden Anlagen im landwirtschaftlichen Bereich unter 300 kW installierter elektrischer Leistung zu finden. Dieser Trend folgt im Wesentlichen den Ergebnissen des von der Bundesanstalt für Landwirtschaft durchgeführten bundesweiten Messprogramms [8] und der von der Landwirtschaftskammer Westfalen Lippe durchgeführten Evaluierung des Stands der Technik von Biogasanlagen in Nordrhein-Westfalen [5]. Es kann aber davon ausgegangen werden, dass in Zukunft eine Verschiebung in die oberen Leistungsklassen erfolgen wird.

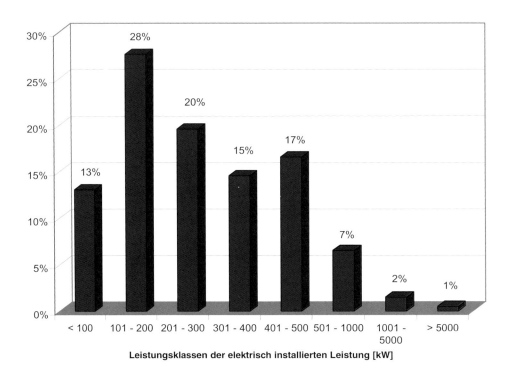

Bild 2:   Prozentuale Verteilung der Leistungsklassen der Biogasanlagen in Niedersachsen, verändert nach [2]

Anzumerken ist, dass bei dieser Untersuchung von den 285 in Niedersachsen existierenden Biogasanlagen ein relativ hoher Anteil von 70% erfasst worden ist. Die drei Prozent der Anlagen über 1MW$_{el.}$ repräsentieren insgesamt fünf gewerbliche Anlagen, die in Tabelle 1 aufgeführt sind. Bei der Anlage in Wietzendorf handelt es sich um die in Deutschland derzeit größte

Anlage mit einer installierten elektrischen Leistung von 8,4 MW. In der Biogasanlage Addrup-Essen werden organische Abfälle aus dem Gemüseanbau behandelt und die Anlage wird im noch im Jahr 2005 um 1 MW erweitert. Bei der Biogasanlage in Wittmund handelt es sich um eine klassische Co-Fermentationsanlage, in der ein breites Abfallspektrum behandelt werden kann.

Auf die Anlage der ProEn GmbH und der Biowend GmbH & Co. KG wird im vorliegenden Beitrag näher eingegangen und dabei das jeweilige Gesamtkonzept sowie das realisierte Wärmenutzungskonzept vorgestellt.

Tabelle 1: Gewerbliche Biogasanlagen in Niedersachsen

Standort	installierte elektrische Leistung	Substrate
Wietzendorf	8,4 MW	Kartoffelfruchtwasser, Waschwasser, Pülpe
Addrup-Essen	2,0 MW	org. Abfälle aus dem Gemüseanbau
Wittmund	1,69 MW	Gülle, org. Abfälle
Lüchow	3,1 MW	Kartoffelfruchtwasser, Mais, Gülle
Soltau	4,2 MW	Maissilage, Corn–Cob–Mix, und Grünroggen-silage

3   Beispiele zur Verwertung der Abwärme von Biogasanlagen

Die Gewährung einer Bonus-Vergütung durch das EEG soll die ökologisch vorteilhafte Nutzung anfallender Wärme aus kombinierten Kraft-/Wärmeprozessen fördern und unterstützen. Ökologisch ist dies vorteilhaft, da die Abwärme eines Krafterzeugungsprozesses dazu genutzt wird Wärme einzusparen, die an anderer Stelle zusätzlich hätte erzeugt werden müssen. Der Vorteil für Natur und Umwelt ergibt sich hierbei aus der Schonung vorhandener Ressourcen und die Vermeidung zusätzlicher Emissionen, speziell durch die vermiedene Freisetzung von Kohlendioxid aus fossilen Energieträgern.

Für den Betreiber einer Biogasanlage kann die Nutzung der Abwärme aus dem Krafterzeugungsprozess ökonomisch sinnvoll sein, wenn hierdurch an anderer Stelle Kosten für Brennstoff und Anlagentechnik eingespart werden können, so dass die zusätzlichen Kosten für die Installation der notwendigen Wärmeleitungen und Pumpen kompensiert werden. Bei den klassischen landwirtschaftlichen Biogasanlagen kommen vor allen Dingen die Beheizung von Wohnhaus, benachbarten Wohngebäuden sowie Ställen in Betracht. Darüber hinaus besteht die Möglichkeit Wärme für die Beheizung von Gewächshäusern und die Trocknung von

Getreide zu nutzen. Berücksichtigt werden muss hierbei, dass Wärmeanfall aus der Biogasanlage und Wärmebedarf der Verbraucher im Jahresverlauf gut aufeinander abgestimmt sind.

Das gegenwärtig größte Interesse bei der Nutzung der Abwärme aus Kraft-/Wärmekopplungsprozessen (KWK) wird allerdings dem „Wärmebonus" von 0,02 €/kWh gemäß § 8 (3) EEG 2004 entgegengebracht [1]. Hierbei wird die im KWK-Betrieb erzeugte elektrische Energie, der eine äquivalente Menge genutzter Wärme gegenüber steht (Produkt aus Nutzwärme und Stromkennzahl), zusätzlich mit diesem Bonus vergütet. Für die Gewährung der Vergütung ist ausschließlich die Nutzung, nicht jedoch die Art der Nutzung der Wärme entscheidend. Daher stehen dem Anlagenbetreiber hierbei zahlreiche Möglichkeiten offen. Ausgewählte Beispiele sollen hierbei im Folgenden dargestellt werden.

3.1 Biogasanlage der BioWend GmbH & Co. KG in Lüchow

Die Biogasanlage der Fa. BioWend GmbH & Co. KG wurde im Herbst/Winter 2002 in Betrieb genommen. In der Biogasanlage wurden bis zur Neufassung des EEG (August 2004) Kartoffelfruchtwasser/-pülpe, aus einer an das Betriebsgelände angrenzenden Kartoffelstärkefabrik, sowie Gülle und Silage von ca. 70 regionalen Landwirtschaftsbetrieben eingesetzt. Seit der Neufassung des EEG wird die Anlage ausschließlich mit NawaRos gemäß den EEG-Anforderungen beschickt. Die Anlage besitzt ein Fermentervolumen von zweimal 5.000 m³, die installierten Gas-Otto-Motoren verfügen über eine Leistungsfähigkeit von rund 3,0 MW_{el} und ca. 5,0 $MW_{therm.}$ (davon 3,0 MW als Prozesswärme). Die erzeugte elektrische Energie wird in das Stromnetz eingespeist, ein Teil der im BHKW anfallenden Wärme wird für das Beheizen der Fermenter eingesetzt. Der größte Teil der anfallenden Wärme wird für die angeschlossene Gärsubstratkonditionierung verwendet. Der Aufbau der Biogasanlage kann der schematischen Darstellung in Bild 3 entnommen werden.

Hintergrund der Gärsubstratkonditionierung waren das Fehlen geeigneter Wärmeabnehmer bei der Planung der Biogasanlage und das hohe Transportaufkommen bei der Ausbringung der Gärreste. Durch die Konditionierung des Gärrests wird das Ziel verfolgt, das anfallende, ausgefaulte Gärsubstrat in seinem Volumen und seiner Masse zu reduzieren und damit die notwendigen Transporte auf ein Minimum zu beschränken. Aufgrund des, durch das Kartoffelfruchtwasser bedingten, anfänglich sehr niedrigen Trockensubstanzgehalts (ca. 7 - 8 % TS) in den Fermentern hätte das Transportvolumen für den Gärrest rund 160.000 m³/a betragen. Seit der Umstellung bei den Inputstoffen im Sommer 2004 wird Kartoffelfruchtwasser in der Anlage durch Silagen ersetzt. Hierdurch wird die Menge der auszubringen Substrate reduziert, die Konditionierung leistet jedoch weiterhin einen erheblichen Beitrag zur Reduktion der Transportaufwendungen. Der Aufbau der Anlage zur Konditionierung des Gärsubstrates kann der schematischen Darstellung in Bild 43 entnommen werden.

Durch die Konditionierung wird aus dem Gärsubstrat ein Großteil des mechanisch und physikalisch gebundenen Wassers abgeschieden und der nahe gelegenen Kläranlage zugeführt, bzw. zum Anmaischen der angelieferten Rohstoffe verwendet. Für die Abscheidung des physikalisch gebundenen Wassers aus dem ausgefaulten Gärsubstrat werden zwei Pressschneckenseparatoren eingesetzt, die das Gärsubsubstrat auf einen TS-Gehalt von 25 %

konzentrieren. Die konzentrierte Festphase wird aus dem Prozess ausgeschleust und steht als Düngesubstrat zur Verfügung. Die verbleibende flüssige Phase wird anschließend mittels einer dreistufigen Vakuumeindampfung in Plattenwärmetauschern weiter konzentriert. Das entstehende Brüdenkondensat wird abgeschieden und der Kläranlage zugeführt.

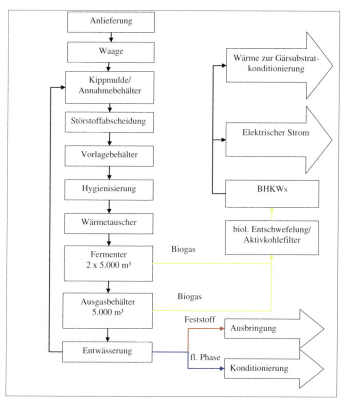

Bild 3: Verfahrensschema der BGA Lüchow

Vor der Eindampfung wird der Ablauf aus den Pressschneckenseparatoren durch ein Feinsieb (0,2 mm) von langen, dünnen Pflanzenfasern befreit, die in der Anfangsphase zu Verstopfungen in den Wärmetauschern in der Eindampfung geführt haben. Zusätzlich wird der pH-Wert der flüssigen Phase vor der Eindampfung auf 4,4 - 4,8 durch Zugabe von Schwefelsäure eingestellt, um das Ausgasen und die damit verbundene Schaumbildung in der Eindampfung zu vermeiden. Darüber hinaus wird ein Entschäumer auf pflanzlicher Basis zudosiert. In der ersten Verdampferstufe wird das heiße Wasser (ca. 90°C) aus den Blockheizkraftwerken in den Plattenwärmetauscher geleitet. Unter Vakuum wird das Gärsubstrat bei rund 65°C zum Kochen gebracht. Das verbleibende, nicht kondensierte, Konzentrat wird anschließend der zweiten und dritten Verdampferstufe zugeführt, die jeweils mit der Abwärme aus der vorhergehenden Stufe beheizt werden. Das anschließend verbleibende Konzentrat wird zwischengelagert und steht für die an der Anlage beteiligten Landwirte zur Abholung bereit.

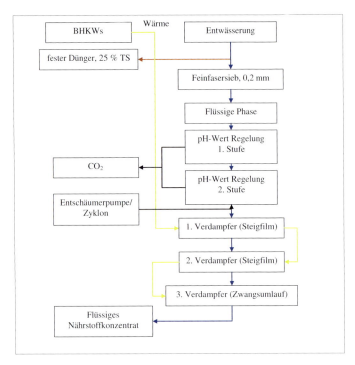

Bild 4: Verfahrensschema der Eindampfungsanlage Lüchow

Die bisherigen Ergebnisse der Eindampfung sind positiv zu bewerten (s. Tabelle 2), allerdings erfüllen sie noch nicht die vom Betreiber gesteckten Ziele hinsichtlich der Zuverlässigkeit des Anlagenbetriebs und der maximal möglichen Abscheidegrade. Während der ersten beiden Betriebsjahre musste die Leistung der Eindampfung wegen Störungen der Wärmeversorgung mehrfach reduziert, bzw. ganz abgeschaltet werden. Ungenügende Einstellung des pH-Werts vor der Eindampfung und Verstopfungen in den Wärmetauschern führten immer wieder zu Stillständen der Konditionierungsanlage. Inzwischen sind diese „Kinderkrankheiten" gelöst. Wichtig für einen ökonomischen Betrieb der Eindampfung ist die stabile Wärmeversorgung der Anlage. Hier kommt es vereinzelt noch zu Problemen, die im derzeit laufenden Optimierungsprogramm behoben werden sollen.

Tabelle 2: Stoffdaten der Zu- und Abläufe der Eindampfung

	TR [% FM]	oTR [% FM]	Gesamt-N [g/kg]	PO_4-P [g/kg]	CSB [g/kg]
Zulauf	3,1	1,7	3,1	0,3	45
Konzentrat	8,8	6,5	7,1	0,8	85
Kondensat	0,05	0,05	0,015	0,003	0,1

Die für die Ausbringung notwendigen Transporte können durch die Konditionierung um den Faktor 2,5 reduziert werden. Die Behandlungskosten durch die Eindampfung liegen bei rund 1,50 - 1,90 €/Mg. Diese Kosten werden durch die Reduktion der Aufwendungen für die notwendigen Transporte überkompensiert. Die Anlage wurde vor der Einführung des EEG Wärmebonus geplant und erstellt, durch dessen Einführung steigt die Rentabilität dieser Prozessstufe weiter.

3.2   Biogasanlage der ProEn Soltau GmbH

Die Biogasanlage der Protein und Energie Soltau GmbH (ProEn) speist seit Dezember 2004 im Gewerbegebiet Soltau-Süd Strom ins Netz. Hauptmotiv für die Errichtung der Anlage war die Deckung des Wärmebedarfs zum Trocknen von Hefe, weshalb in der Planungsphase auch das Konzept eines Holzheizkraftwerkes geprüft worden ist. Der Betreiber hat sich aber aufgrund der Situation auf dem Altholzmarkt gegen dieses Konzept und für die Biogasanlage entschieden. Der Umstand, dass unter dem Dach eines Unternehmens zum einen Biogas hergestellt und verwertet wird und zum andern Futtermittel hergestellt werden, schloss von Anfang an die Verwendung von Abfällen in der Biogasanlage aus. Bild 5 zeigt ein vereinfachtes Grundfließbild der Anlage.

Betrieben wird die Anlage mit ca. 55.000 Mg Corn-Cob-Mix, Grünroggen- und Maissilage, die von etwa 60 unter Vertrag stehenden Landwirten aus der Region just in time angeliefert werden. Im Volllastbetrieb benötigt die Anlage 250 Mg pro Tag. Zur Anlieferung dient eine Anlieferungshalle von der aus mittels Radlader ein 60m³ fassender Dosierbehälter befüllt wird. Sein Volumen reicht für cirka 5 Stunden aus. Nach der Bestimmung der Masse im Dosierbehälter gelangt das Material durch eine Störstoffabscheidung, eine Verflüssigungsstufe und eine Nachzerkleinerung in die zwei Vorversäuerungsreaktoren. Die Suspension mit max. 13% TS wird von dort in die beiden Fermenter gepumpt [6].

Beheizt werden die Reaktoren mittels externen Wärmetauschern auf eine Temperatur von 42°C für den mesophilen Betrieb. Bei der Rührtechnik setzt die ProEn Soltau GmbH auf eine bisher wenig verbreitete Technik, das der Klärtechnik entliehene Gasumwälzungsverfahren. Hierbei wird durch insgesamt acht Lanzen mit einem Durchmesser von 50 mm das entstandene Biogas in das Substrat gedrückt und so für die nötige Durchmischung gesorgt. Nach den durchschnittlich 60 Tagen Verweilzeit gelangt das Substrat in die beiden Endlager mit jeweils 4.500 m³ Fassungsvermögen. Hier kann das Substrat bis zu 4 Monate gelagert werden. Von dort aus wird das ausgegorene Substrat entweder direkt von den unter Vertrag stehenden Bauern zur Ausbringung abgeholt oder gelangt in eine Entwässerung. Ziel dieser Entwässerung ist es zum einen, Prozesswasser zurück zu gewinnen und zum anderen das Substrat, welches zur Ausbringung auf weiter entfernten Feldern vorgesehen ist, zu entwässern. Somit können Betriebskosten für Frischwasser und Substrattransporte eingespart werden.

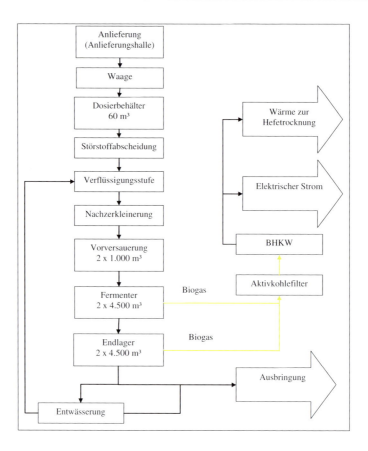

Bild 5: Verfahrensschema der Biogasanlage der ProEN Soltau GmbH

Das entstandene Biogas wird in einem Aktivkohlefilter von dem Schwefelwasserstoff befreit und gelangt dann in die 3 Gasmotoren der Firma Jenbacher mit einer installierten elektrische Leistung von 4,2 MW. Insgesamt wurde für die Anlage eine Summe von ca. 12 Mio. € investiert. 80% der Aufträge konnten an Firmen vor Ort vergeben werden, so dass die regionale Wertschöpfung hoch ist. Lediglich die Gasmotoren wurden überregional beschafft, da im näheren Umkreis kein geeigneter Lieferant gefunden werden konnte.

Für den Betrieb der Anlage wurden insgesamt 10 direkte Arbeitsplätze geschaffen. Der überwiegende positive Effekt der Anlage auf die Arbeitsplatzsituation ist aber bei den insgesamt 60 externen Energiepflanzenlieferanten zu sehen. Hier konnten zahlreiche Arbeitsplätze erhalten und neu geschaffen werden. Die langfristigen Lieferverträge von 5 Jahren haben u.a. zum Gründung einer Mais GBR geführt, in der einige der liefernden Landwirte zusammengeschlossen sind. Die Mais GBR hat seinerseits Investitionen in landwirtschaftliche Geräte getätigt und arbeitet zusammen mit der Landwirtschaftskammer an der Optimierung der Maisproduktion. Der Transport der Substrate wird vom Maschinenring übernommen, da die Lieferanten bis zu 25 km von der Biogasanlage entfernt sind, was einen Transport mit ausschließlich landwirtschaftlichen Fahrzeugen ausschließt.

Insgesamt produziert die Anlage jährlich ca. 33.000 MWh elektrische Energie, die in das Stromnetz eingespeist wird. Die nach Abzug der Wärmeverluste verbleibenden ca. 39.000 MWh thermische Energie werden teilweise für den Eigenbedarf der Biogasanlage genutzt. Der Hauptanteil der Abwärme wird zur Trocknung von Spezialhefen verwendet, die bei der Futtermittelproduktion eingesetzt werden. Die jährliche Trocknungsleistung liegt bei ca. 17.000 Mg Nassprodukt. Somit wird hier eine nahezu vollständige Abwärmenutzung realisiert und dies mit den 2 €-Cent Kraft-Wärme-Kopplungsbonus vergütet [6].

Auf Basis der ersten Betriebserfahrungen soll die Anlage nun um weitere 4 MW elektrische Leistung ausgebaut werden.

3.3 Bioenergiedorf Jühnde

Die „Bioenergiedorf Jühnde eG" ist eine Betreibergesellschaft, die sich zum Ziel gesetzt hat, die Umstellung der benötigten Energie (Strom und Wärme) der Gemeinde Jühnde auf der Basis von Biomasse durchzuführen. Jühnde ist ein Dorf in Süd-Niedsachsen und liegt etwa 13 km westlich von der Universitätsstadt Göttingen und ca. 15 km östlich der Fachwerkstadt Hann. Münden. Jühnde hat ca. 760 Einwohner. Für die Gewinnung von Strom und Wärme soll ein mit Biogas betriebenes Blockheizkraftwerk (500 kW$_{el}$, 480 kW$_{therm}$) eingesetzt werden. Für den zusätzlichen Wärmebedarf in den Wintermonaten wird ein mit Holzhackschnitzeln betriebenes Biomasse-Heizwerk (600 kW$_{therm}$) zugeschaltet. Die Wärmenutzung der Anlage besteht neben Eigenprozesswärmenutzung in der Versorgung der örtlichen Haushalte mit Wärme (gegenwärtiger Anschlussgrad ca. 70%). Dazu wurde bereits ein ca. 5.500 m langes Nahwärmenetz im Ort verlegt. Das Projekt ist in dieser Form einmalig in Deutschland und findet mittlerweile weltweite Beachtung. Durch den ganzjährigen Betrieb des BHKW der Biogasanlage ist zusätzliche Wärmeenergie vorhanden, für die die Betreibergesellschaft aus ökonomischen und ökologischen Gründen weitere Verwendungsmöglichkeiten sucht. Eine dieser Möglichkeiten ist die Trocknung von Holzhackschnitzeln und Getreide als zukünftige Option.

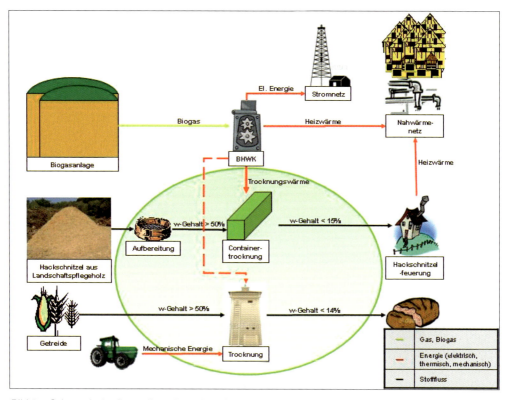

Bild 6: Schematische Darstellung Energiedorf Jühnde

Für die Verdampfung von Wasser muss eine Energie von 2.378 kJ/kg aufgewandt werden. Energie, die als Abwärme aus dem KWK-Prozess, insbesondere in den Sommermonaten zur Verfügung steht. Als Faustgrößen können hierbei angenommen werden: 385 MJ/Mg Getreide, das von 20% auf 14% und 525 MJ/Mg Raps, der von 18% auf 9% getrocknet werden soll. Bei Holzhackschnitzeln kann mit einem Energiebedarf von 355 MJ/Schüttraummeter für die Trocknung von 50% auf 20% gerechnet werden. Um den Brennstoffbedarf der Hackschnitzelfeuerung des Bioenergiedorfs Jühnde zu trocknen müssen rund 1.000 h/a à 200kW aus dem BHKW der Biogasanlage für die Trocknung bereitgestellt werden. Dies entspricht einem EEG-Bonus von 4.000,- €/a. Die so getrockneten Hackschnitzel werden sowohl in der genossenschaftseigenen Hackschnitzelfeuerung eingesetzt, als auch für Anlagenbetreiber zum Kauf angeboten.

Für die Einbindung der geplanten zusätzlichen Wärmenutzung in die bereits geplanten technischen Strukturen werden zu Beginn des Projekts die Einbindungspunkte und die dadurch notwendigen Umbauarbeiten geplant. Die Regel- und Stoffstromtechnik der Wärmeenergie wird hinsichtlich der gegebenen Parameter angepasst und die vorhandene Verfahrenstechnik um notwendige Elemente ergänzt. Von besonderer Bedeutung sind die Anforderungen an die Auswahl eines geeigneten Wärmetauschers, der die Abwärme des Biogas-BHKWs aus dem

Kühlwasser und dem Abgaswärmestrom auf die Trocknungsluft für die Getreide- und Holztrocknung zuverlässig und mit hohen Wirkungsgraden überträgt.

Auf Basis zweier Seecontainer werden mobile Trocknungseinheiten für Holzhackschnitzel entwickelt, die technisch auf einer Idee von Graf zu Eltz basieren [4]. Die Seecontainer werden derart umgebaut, dass eine Belüftung des Inhalts (in diesem Fall HHS) mit warmer Luft aus der BHKW-Abwärme ermöglicht wird. Hierzu wird ein geeignetes System der Luftführung entwickelt und in die Container eingebaut. Anschließend wird die Trocknungseinheit an die Wärmequelle angeschlossen und in den Probebetrieb überführt. Das Verfahren ist so ausgelegt, dass ein Container für die Trocknung verwendet werden kann, während der zweite Container für die Befüllung durch das beteiligte Garten- und Landschaftsbauunternehmen bereit steht.

In Anlehnung an realisierte Projekte zur Nutzung der Abwärme aus Biogasanlagen für die Getreidetrocknung wird die Option einer Getreidetrocknungsanlage, betrieben mit der Abwärme der Biogasanlage, für das Bioenergiedorf Jühnde geprüft [7]. Im Rahmen der Planung wird ermittelt, in wie weit eine am Markt verfügbare Getreidetrocknungsanlage für die verfahrenstechnischen Anforderungen genutzt werden kann bzw. technische Modifikationen für die Einbindung an die BHKW-Abwärme notwendig sind. Im Anschluss wird eine geeignete Trocknungsanlage angeschafft und die ermittelten Änderungen an der Anlage durchgeführt.

4   Zusammenfassung

In Deutschland waren im Jahr 2004 ca. 2.200 Anlagen mit einer gesamten installierten Leistung von 250 MW in Betrieb. Zusammen fallen auf die Bundesländer Bayern und Niedersachsen über die Hälfte der Biogasanlagen und der installierten elektrischen Leistung. Bayern erreicht mit den vielen kleineren landwirtschaftlichen Anlagen eine installierte elektrische Gesamtleistung von 62,5 MW. In Niedersachsen stehen insgesamt 285 Anlagen mit einer gesamten installierten elektrischen Leistung von 75 MW. Damit hat Niedersachsen im Vergleich zu Bayern, mit 836 Anlagen, zwar weniger Anlagen aber die höchste installierte elektrische Anlagenleistung bundesweit.

Nach der EEG-Novellierung sind die Rahmenbedingungen für den Betrieb von Biogasanlagen in Deutschland so günstig wie nie zuvor und deshalb ist alleine für 2005 mit der Errichtung von etwa 1.000 neuen Biogasanlagen zu rechnen. Bei näherer Betrachtung der realisierten bzw. sich in Planung befindenden Biogasanlagen stellt man häufig fest, dass ein wirtschaftlicher Betrieb nur dann sicher gewährleistet werden kann, wenn auch ein zielführendes Konzept zur Verwertung der Abwärme umgesetzt wird.

Beispiele für innovative Lösungen sind die großtechnischen Biogasanlagen in Lüchow bzw. Soltau, bei denen die Abwärme fast vollständig zur Eindampfung der Gärreste bzw. Trocknung von Spezialhefen zur Futtermittelherstellung eingesetzt wird. Auch im Bioenergiedorf Jühnde soll die Abwärme der im Bau befindlichen Biogasanlage künftig zur Trocknung von Holzhackschnitzeln bzw. Getreide genutzt werden, um den wirtschaftlichen Betrieb sicher zu stellen.

5 Literatur

[1] Gesetz für den Vorrang Erneuerbarer Energien (idF v. 21. Juli 2004)

[2] Endres, H.-J.: Situation der Biogaserzeugung in Niedersachsen. In Biogasnutzung in Niedersachsen, Grabkowsky (Hrsg.); Niedersächsisches Kompetenzzentrum Ernährungswirtschaft (NiKE), Vechta 2004

[3] Heidler, B.: Aufkonzentrierung von Gärrückständen unter Nutzung überschüssiger Wärmeenergie. In: VDI Wissenforum IWB GmbH (Hrsg.): Biogas Energieträger der Zukunft VDI Berichte 1872, VDI Verlag GmbH, Düsseldorf 2005, S. 193 - S. 196

[4] Neumann H.: Doppelter Nutzen. In: neue energie (09/2004), S.44 - S.49

[5] Schmitz, H.: Beratungsoffensive Biogas–Evaluierung des Stands der Technik von Biogasanlagen in Nordrhein-Westfalen abgeleitet anhand einer Biogas-Betreiberdatenbank und ausgewählten Monitoring-Projekten, Dissertation in der Abteilung Bodenkunde Universität Trier 2004, S. 60

[6] von Felde, A.: Gewerbliche Biogasanlagen: Das Beispiel der ProEn Soltau GmbH; Vortrag und Beitrag im Tagungband im Rahmen der Veranstaltung Gewerbliche Biogasanlagen -Vergärung von Kofermenten und Nachwachsenden Rohstoffen- auf der Energy, Hannover 2005

[7] Warecka, T.: Getreidetrocknung mit der Abwärme einer Biogasanlage, Innovationsforum Biogas, Vortrag im Rahmen des Innovationsforum Biogas, Grüne Woche, Berlin 2002

[8] Weiland, P., Rieger, C., Ehrmann, T., Helffrich, D., Kissel, R., Melcher, F.: Ergebnisse des bundesweiten Messprogramms an Biogasanlagen, Vortrag auf der Fachverbandstagung 2003 des Biogas e.V., Leipzig 27.-30.01.2004

Martin Faulstich [Hrsg.]

Fachtagung Verfahren & Werkstoffe für die Energietechnik
Band 1 – Energie aus Biomasse und Abfall

Mobile und stationäre Wärmespeichersysteme

Dr. Andreas Hauer

Bayerisches Zentrum für Angewandte Energieforschung

ZAE Bayern

Garching

ATZ Entwicklungszentrum, Sulzbach-Rosenberg

Verlag Förster Druck und Service, Sulzbach-Rosenberg

1 Thermische Energiespeicherung

Wärmespeicher können im Allgemeinen zunächst nicht nutzbare thermische Energie durch zeitliche oder örtliche Verschiebung einer Nutzung zuführen. Beispielsweise kann Sonnenenergie aus dem Sommer in den Winter übertragen oder Abwärme aus einem industriellen Betrieb in einer Wohnsiedlung zum Heizen im Winter und zur Kühlung im Sommer genutzt werden. Ein weiteres Anwendungsbeispiel ist die Nutzung der Abwärme von Biogasanlagen zur Stromerzeugung. Unter den gegenwärtigen Randbedingungen kann die Nutzung dieser Abwärme direkt zu einem finanziellen Gewinn beitragen und damit die Wirtschaftlichkeit eines eingesetzten Speichersystems steigern.

Die erwähnten Anwendungen von Wärmespeichern reduzieren den Einsatz von Primärenergie, die größtenteils in Form fossiler Brennstoffe bereitgestellt wird. Damit können thermische Energiespeicher einen wichtigen Beitrag zur Reduktion des CO_2 Ausstoßes leisten. Auch diese Vermeidung von CO_2 Emissionen wird sich positiv auf Wirtschaftlichkeit der Speichersysteme auswirken.

Die heute existierenden technischen Lösungen zur thermischen Energiespeicherung lassen sich in drei Klassen einteilen: Speicher sensibler Wärme (z.B. Warmwasserspeicher), Latentwärmespeicher und Wärmespeicher, die auf umkehrbaren chemischen Reaktionen beruhen (z.B. Sorptionsspeicher).

Bei Speichern sensibler oder fühlbarer Wärme wird das Speichermedium erwärmt (oder abgekühlt) und eine dem nutzbaren Temperaturunterschied entsprechende Wärmemenge in isolierten Behältern gespeichert. Latentwärmespeicher nutzen zusätzlich noch die Energie, die in einem Phasenübergang steckt, wenn das Speichermedium geschmolzen oder gar verdampft wird. Nutzt man zur Wärmespeicherung chemische Reaktionen lassen sich noch höhere Speicherdichten erreichen. Sorptionsprozesse sind dafür ein gutes Beispiel.

2 Thermodynamische Betrachtungen

In diesem Kapitel sollen die thermodynamischen Eigenschaften der verschiedenen Speichermethoden thermischer Energie erläutert werden. Dabei sollen vor allem die in letzter Zeit verstärkten Forschungsaktivitäten auf dem Gebiet der Latentwärme- und Sorptionsspeicher motiviert werden. In diesem Zusammenhang ist es sinnvoll zwischen „direkten" und „indirekten" thermischen Energiespeichern zu unterschieden [1]. Diese Unterscheidung wird durch die zugrunde liegenden thermodynamischen Prozesse der verschiedenen Methoden zur Speicherung gerechtfertigt.

Ein direkter Wärmespeicher wird durch einen Wärmefluss von einer Wärmequelle zum Speicher geladen. Ein Wärmefluss Q ist an einen Entropiefluss S gekoppelt. Beide sind über die Beziehung $Q=TS$ verknüpft, wobei T die Temperatur im Speichermedium ist. Damit ist Wärme hoher Temperatur mit einer geringeren Entropie verbunden als Wärme niedriger Temperatur. Als Folge kann festgestellt werden, dass die Kapazität eines Wärmespeichers bei einer gegebenen Temperatur der Wärmequelle von der Kapazität der Entropieaufnahme abhängt.

Mobile und stationäre Wärmespeichersysteme

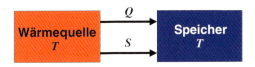

Bild 1: Direkter Wärmespeicher (Q thermische Energie, S Entropie, T Temperatur)

Ein offensichtlicher Nachteil direkter Wärmespeicher ist die Tatsache, dass sie sich in geladenem Zustand auf höherem (oder tieferem) Temperaturniveau als die Umgebung befinden müssen. Durch diese Temperaturdifferenz können sie erst als Speicher fungieren. Eine thermische Isolierung ist also notwendig, um Verluste über die Speicherdauer zu unterbinden.

Die Beschränkung der Speicherkapazität durch die Entropieaufnahme ΔS im Speichermedium wird u.a. durch die spezifische Wärmekapazität beschrieben. Sie ist eine Materialeigenschaft und gibt zusammen mit der Temperaturdifferenz die gespeicherte Energie an.

Bei den so genannten Latentwärmespeichern, wird nun die Speicherkapazität erhöht, in dem ein Speichermedium eingesetzt wird, das im vorgegebenen Temperaturintervall einen Phasenwechsel vollzieht. Damit kommt zu der fühlbaren Wärme die Energie des Phasenwechsels, die Schmelz- oder Verdampfungsenthalpie. Dies kann insbesondere bei Systemen mit kleiner Temperaturdifferenz eine deutliche Erhöhung der gespeicherten Wärme bedeuten. In der Regel werden in Latentwärmespeichern fest-flüssig oder fest-fest Übergänge genutzt, da ein Phasenwechsel flüssig-gasförmig, obwohl mit um eine Größenordnung höheren Enthalpien verknüpft, durch die sehr große Volumenänderung technisch kaum realisierbar ist.

Um die Beschränkung der Speicherkapazität direkter Wärmespeicher zu vermeiden, kann die zu speichernde Wärme in eine andere Energieform umgewandelt werden, z.B. in mechanische oder elektrische Energie. In diesem Fall (siehe Bild 2) stellt der Konverter, eine Wärme-Kraft-Maschine, entropiefreie Arbeit zur Verfügung. Diese kann ohne Einschränkungen gespeichert werden. Beispiele sind Pumpspeicher, bei denen Wasser auf ein höheres Niveau gepumpt wird oder Schwungräder, die beschleunigt werden, und dort jeder Zeit abrufbar wieder Energie bereitstellen können.

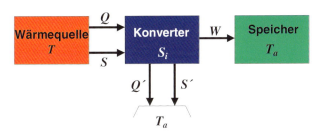

Bild 2: Indirekter Wärmespeicher durch Umwandlung thermischer Energie in Arbeit
(S_i Entropie Produktion durch interne Irreversibilitäten, Q' und S' Abwärme und -entropie des Konverters, T_a Umgebungstemperatur, W Arbeit)

Der Konverter verursacht einen Abwärmestrom $Q´$, der mit einem Entropiestrom $S´$, entstanden durch die Irreversibilitäten im Konverter, an die Umgebung abgeführt werden muss. Der Entladeprozess entspricht dem Betrieb einer Wärmepumpe, bei dem die Entropie von der Umgebung aufgenommen werden muss. Damit ist klar, dass solche Systeme an die Umgebungsbedingungen gebunden sind. Sie sind im Gegensatz zu direkten Wärmespeichern nicht autark und werden indirekte Wärmespeicher genannt.

Eine weitere Art indirekter Wärmespeicherung, neben der Umwandlung von Wärme in mechanische oder elektrische Energie, ist die Nutzung reversibler chemischer Reaktionen. Eine ideale Reaktion ist die reversible und endotherme Dissoziation einer kondensierten (flüssigen oder festen) Verbindung AB zu einem kondensierten Reaktionsprodukt A und einer zweiten gasförmigen Komponente B.

$$AB \leftrightarrow A + B_g$$

B wird als gasförmige Komponente aus zwei Gründen bevorzugt, da sich eine gasförmige Phase einfach von den kondensierten Phasen A und AB trennen lässt [1]. Damit kann eine verlustfreie Langzeitspeicherung durch Trennung der Reaktanden und somit Verhinderung der Rückreaktion erreicht werden. Die Gasbildung in der Reaktionsrichtung AB $\rightarrow$ A+B$_g$, also beim Laden des Speichers (der Desorption), bewirkt eine starke Zunahme der Entropie. Dies erhöht die Kapazität der Wärmeaufnahme des Speichers.

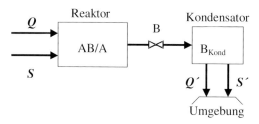

Bild 3: *Schematische Darstellung eines geschlossenen Sorptionsspeichers*

Die gasförmige Komponente kann nach der Dissoziation separat gespeichert werden. Dafür sind allerdings große Volumina notwendig, was die Energiespeicherdichte stark reduziert. Um dies zu verhindern, kann die gasförmige Phase in einem geschlossenen Adsorptionssystem (siehe Bild 3) bei geschickter Wahl der Betriebsbedingungen kondensiert werden. Ein solcher Speicher ist in Bild 3 schematisch dargestellt. Die gasförmige Phase verlässt den Adsorber und wird im Kondensator kondensiert. Abwärme $Q´$ und Entropie $S´$ verlassen das System bei der Kondensation. Bei der Bestimmung der Energiespeicherdichte kann die gespeicherte Wärmemenge jetzt auf das Volumen des Adsorbens plus das Volumen der kondensierten Komponente B bezogen werden.

Bild 4: *Schematische Darstellung eines offenen Sorptionsspeichers*

Offene Adsorptionssysteme bieten eine weitere Möglichkeit: Ist die gasförmige Komponente B ein natürlicher Bestandteil der Atmosphäre, kann sie in der Umgebung zwischengelagert werden und geht in diesem Fall nicht in das Speichervolumen ein. In diesem Fall verlässt die Entropie das Speichersystem mit dem Stoffstrom der gasförmigen Komponente B. Die erreichbare Energiespeicherdichte ist dann definiert als die nutzbare Wärme aus dem Speicher pro Volumen (oder Masse) der kondensierten Komponente A alleine. Im Falle sorptiver Speicherung ist diese das Adsorbens, z.B. Silicagel oder Zeolith. Dieser Vorteil macht offene Adsorptionssysteme mit Wasserdampf zur Wärmespeicherung sehr interessant [2].

3 Beispiele Thermischer Energiespeichersysteme

3.1 Speicherung fühlbarer Wärme

Als Beispiel der Speicherung fühlbarer Wärme sei das Projekt „Solare Nahwärme Attenkirchen" vorgestellt. Das in Attenkirchen realisierte System besteht aus einer Solaranlage, einem saisonalen Wärmespeicher, zwei Kompressionswärmepumpen und dem Nahwärmenetz zur Verteilung der Wärme in die Gebäude [3].

Wenn unter nord- und mitteleuropäischen Verhältnissen Deckungsanteile größer als 30% für die solar gestützte Wärmeversorgung erreicht werden sollen, ist die saisonale Wärmespeicherung eine Grundvoraussetzung. Zur Speicherung großer Wärmemengen im Temperaturbereich 0-90°C sind aus technischer und wirtschaftlicher Sicht Untergrundspeicher am günstigsten. Hierbei lassen sich zwei Kategorien unterscheiden:

Das Speichermedium ist Wasser, das drucklos in Felskavernenspeichern oder Erdbeckenspeichern, vorzugsweise aus Beton, gespeichert wird.

Als Speichermedium wird Erdreich oder Gestein eingesetzt. Hier werden Erdwärmesonden (vertikale Bohrungen im Untergrund) zum Ein- und Ausbringen der Wärme benötigt.

In beiden Fällen wird die Speicherkapazität durch die Differenz zwischen oberer und unterer Betriebstemperatur bestimmt.

Bei Wasserspeichern kann das Speichermedium gleichzeitig als Wärmetransportmedium verwendet werden. Das ermöglicht eine einfache Wärmeübertragung und große Wärmeleistungen. Bei der Nutzung solarer Wärme hat dies besondere Vorteile. Wasser verfügt außerdem über eine hohe Wärmekapazität, ist billig, überall verfügbar und ökologisch unbedenklich. Nachteilig schlägt der erhebliche konstruktive Aufwand für den Behälter und die damit verbundenen Kosten zu Buche.

Bei Erdwärmesondenspeichern in Gestein oder Erdreich besteht ein zusätzlicher Wärmeübergang zwischen Wärmeträgerfluid und dem Speichermedium. Außerdem ist darauf zu achten, dass das Grundwasser, soweit vorhanden, nur minimale Fließgeschwindigkeit hat. Damit ist dieser Speichertyp nur unter besonderen Randbedingungen einsetzbar und braucht meist noch zur Leistungspufferung einen größeren Wasserspeicher. Der Vorteil dieser Speicherkonzeptes liegt in den vergleichsweise niedrigeren Baukosten und der einfachen Erweiterungsmöglichkeit durch Addition weiterer Sonden.

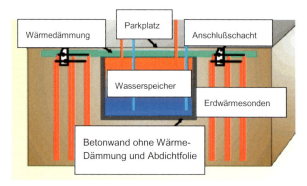

Bild 5: Kombinierter Erdbecken/Erdwärmesonden-Speicher

In einem Forschungsvorhaben wurde eine Kombination aus Wasser- und Erdwärmesonden-Speicher (siehe Bild 5) entwickelt. Er besteht aus einem zentralen, zylindrischen Wasserbehälter, der von mehreren Erdwärmesondenringen umgeben ist. Der zentrale Wasserspeicher dient als Puffer- und Kurzzeitspeicher, der Erdwärmesondenspeicher als Langzeitspeicher. Es wird keine wasserdichte Innenauskleidung eingesetzt und der gesamte Speicher ist nur nach oben wärmegedämmt. Diese Kombination, die ohne zusätzlichen Pufferspeicher auskommt, vereinigt die Betriebsvorteile eines Wasserspeichers mit den ökonomischen Vorteilen des Erdwärmesondenspeichers. Der Hybridspeicher erlaubt, genau wie der Erdsondenspeicher, in weiten Grenzen durch Hinzufügen von Sonden den Speicher einem gestiegenen Bedarf anzupassen.

Bei einem sensiblen Wärmespeicher ist nicht zu vermeiden, dass sich die mittlere Speichertemperatur gegen Ende der Ladezeit, im Spätsommer, zu Lasten eines sinkenden Kollektorertrags erhöht. Schließlich bestimmt die maximal erreichbare Temperatur im Wasserspeicher wesentlich die im Speicher erreichbare Energiedichte. Als obere Grenztemperatur gelten bei der Auslegung von saisonalen Wasserspeichern ca. 95°C. Diese Grenze ist durch die eingesetzten Materialien und durch die Vorgabe der Drucklosigkeit festgelegt.

Bild 6: Bau des Erdbecken- und des Sondenspeichers

Bild 6 zeigt den Bau des Hybridspeichers in Attenkirchen. Die typische Einschwingphase eines Erdwärmesondenspeichers liegt bei etwa 3 Jahren. Im Sommer 2002 und 2003 wurde hauptsächlich Speicherladebetrieb in die Erdwärmesonden gefahren, um im Winter ausreichend Wärme zur Verfügung zu haben. Da die Heizwärmelast wegen des nur teilweisen Ausbaus noch niedrig ist, konnten die Erdwärmesonden im ersten Winter „geschont" werden. Die Bodentemperaturen im Sondenspeicher lagen im September 2002 bei knapp 45°C, in der ersten Heizperiode fielen sie auf 9°C ab.

3.2 Speicherung latenter Wärme

Ein Bespiel der Wärmespeicherung mit so genannten Phasenwechselmaterialien (engl. Phase Change Materials PCM) stellt der Natriumacetat-Speicher der Firma Alfred Schneider GmbH [4] dar. Das System wurde zunächst an der Deutschen Forschungsanstalt für Luft und Raumfahrt entwickelt und dann von der Fa. Schneider als Pilotentwicklung übernommen.

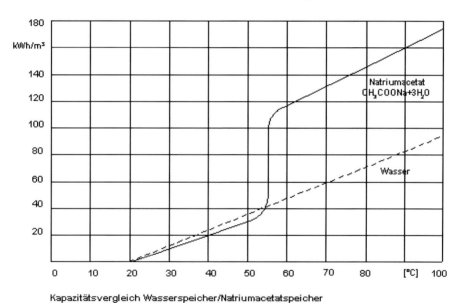

Bild 7: Kapazität eines Warmwasser- und eines Latentwärmespeichers mit Natriumacetat

Bild 7 zeigt die erreichbare Speicherkapazität von Natriumacetat im Vergleich zu Wasser. Die theoretische Schmelztemperatur liegt bei 58,5°C. Im Gegensatz zu den sensiblen Wärmespeichertanks beträgt die Baugröße eines solchen Latentwärmespeichers nur ca. 1/5 der Baugröße eines Wassertanks bei gleicher Speicherkapazität.

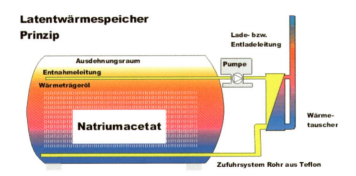

Bild 8: Schematische Darstellung des Latentwärmespeichers

Bild 8 zeigt den Latentwärmespeicher in einer schematischen Darstellung. Damit der Speicher zyklenfest wird, enthält er geringe Mengen Zusätze. Wenn der Speicher von 63,5°C auf 48,9°C abgekühlt wird, beträgt der nutzbare Energieinhalt zirka 98 kWh/cm³ und der Anteil an latenter Wärme 50 kWh/cm³. Der Speicher ist zu 95% mit Natriumacetat gefüllt. Den Rest nimmt ein synthetisches Wärmeträgeröl sowie der Ausdehnungsraum ein.

Eine Pumpe fördert dieses Öl durch das Natriumacetat beziehungsweise durch den sich beim Entladen bildenden Kristallmatsch. Da beim Wärmetransport keine behindernde Wandung zwischengeschaltet ist, wird durch dieses Verfahren ein nahezu perfekter Wärmeaustausch erreicht. Für die Abgabe an die Heizungsanlage dient ein Plattenwärmetauscher aus Edelstahl. Er kann sowohl zum Be- als auch zum Entladen des Speichers verwendet werden. Die Speicher, die in Kunststoff oder Edelstahl erhältlich sind, werden komplett auf Europaletten angeliefert. Vor Ort sind lediglich die Anschlüsse zu den Wärmeerzeugern (Kollektoren, Wärmepumpen etc.) und den Heizanlagen vorzunehmen.

Parallel wurden von der Firma TRANSHEAT GmbH mit einem Latentwärmespeicher der Fa. Alfred Schneider mehrere mobile Wärmespeichersysteme aufgebaut. Beispielsweise wurde Abwärme aus dem Industriepark Hoechst zum Verwaltungsgebäude der Clariant GmbH in Sulzbach/Ts. geliefert. Die Speicherkapazität pro Container wird in der Literatur mit maximal 3,8 MWh angegeben. Wobei bei der Ladetemperatur von 180°C ungefähr die Hälfte der Energie latent gespeichert ist. Die reine Schmelzwärme des Natriumacetats liegt bei 62 kWh/t.

Mobile und stationäre Wärmespeichersysteme

Bild 9: Mobiler Latentwärmespeicher

3.3 Sorptionsspeicher

Als Beispiel indirekter Speicherung thermischer Energie wird ein offener Sorptionsspeicher mit Zeolith vorgestellt. In Bild 10 sind schematisch De- und Adsorption, d.h. Lade- und Entladevorgang, in einem offenen Sorptionsspeicher dargestellt. Bei einem offenen Sorptionssystem transportiert der Luftstrom die Wärme und den Wasserdampf in und aus der Adsorbensschüttung. Somit werden die Lufttemperatur und gleichzeitig der Wasserdampfpartialdruck des Luftstroms durch den Sorptionsprozess beeinflußt. Die umgesetzten Stoff- und Wärmemengen sind in Bild 10 angedeutet.

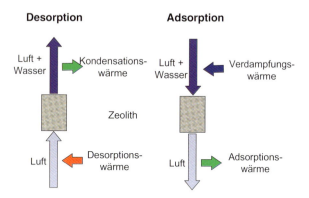

Bild 10: Offenes Adsorptionssystem

Bei der Desorption, dem Ladeprozess, wird der Luftstrom durch eine von aussen eingebrachte Desorptionswärme erhitzt. Diese Wärme löst das gebundene Adsorbat (Wasser) im Adsorbens und verdampft es. Der Wasserdampf wird mit der nun abgekühlten Luft aus der Schüttung gebracht. Bei der Adsorption, dem Entladevorgang, befördert der Luftstrom gasförmiges Adsorptiv (Wasserdampf) in die Adsorbensschüttung. Dort wird es adsorbiert und die

Adsorptionswärme wird freigesetzt und an die Luft abgegeben. Die Luft verlässt die Schüttung nun trocken und heiß.

Für die Heizanwendung kann während der Adsorption die Adsorptionswärme und während der Desorption u.U. die Kondensationswärme genutzt werden. Die Verdampfungswärme muss während der Adsorption auf einem niedrigen Temperaturniveau zur Verfügung stehen. Für die Raumklimatisierung, die auf der Luftentfeuchtung beruht, kann nur während der Adsorption Nutzkälte bereitgestellt werden.

Wärmespeicherung wird realisiert, in dem der Desorptionsschritt von der Adsorption zeitlich (und/oder räumlich) getrennt wird. Das desorbierte Zeolith bleibt „geladen" bis der Adsorptionsprozess gestartet wird.

Ein offener Sorptionsspeicher wurde in München realisiert. Er wird zur Gebäudeheizung eingesetzt, in dem er während der Entladephase die freiwerdende Adsorptionswärme und während der Ladephase die anfallende Kondensationswärme nutzt (siehe Bild 10). Klimatisierung wird während des Entladens durch die Befeuchtung der adsorptiv getrockneten Luft bereitgestellt. Vor der Abkühlung durch Befeuchtung wird die Luft vorgekühlt, in dem die Abluft aus dem Gebäude befeuchtet und die so entstehende Kälte durch ein Kreislaufverbundsystem eingebracht wird.

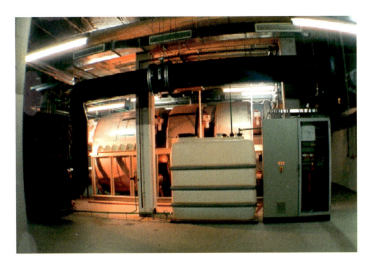

Bild 11: Sorptionsspeicher mit Zeolith

Der Sorptionsspeicher in München dient dem Lastausgleich im Fernwärmenetz. Bild 11 zeigt im Hintergrund die drei Speichermodule. Er wird nachts (oder zu anderen Schwachlastzeiten) geladen und versorgt tagsüber ein Schulgebäude mit Heizwärme. 7000 kg Zeolith können den Heizbedarf der Schule für einen Tag bei Außentemperaturen von -16°C decken. Im Sommer wird ein Jazz Club, der im Keller unmittelbar neben dem Speicher liegt, klimatisiert. In dieser Anwendung wandelt der Sorptionsspeicher Fernwärme in Kälte zur Raumkühlung um.

Im Heizbetrieb können 92% der geladenen Wärme wieder an das Gebäude abgegeben werden. Der Zeolith erreicht eine Energiespeicherdichte von 124 kWh/m³. Dies ist ungefähr dreimal so viel, wie ein herkömmlicher Warmwasserspeicher bei der Ladetemperatur von 130°C erzielen könnte. Stehen höhere Ladetemperaturen (bis zu 300°C) zur Verfügung kann die Energiespeicherdichte um den Faktor 2 höher liegen [6].

Ungefähr 85% der gespeicherten Fernwärme können durch den Sorptionsspeicher in Klimatisierungsenergie umgewandelt werden. Dieser Prozentsatz lässt sich mit einer Ladetemperatur von 80°C erreichen. Dabei liegt die Energiespeicherdichte mit 100 kWh/m³ immer noch sehr hoch. Bei höheren Ladetemperaturen würde das Verhältnis von nutzbarer Klimatisierung zu Eingespeicherter Fernwärme ab- und die Energiespeicherdichte zunehmen.

Ob ein solches Speichersystem wirtschaftlich interessant ist, hängt vom Wärme- bzw. Kältepreis ab. Dies wiederum hängt in erster Linie von der Anzahl der Speicherzyklen pro Zeit ab, die deutlich durch die Doppelnutzung – Heizen und Klimatisieren - erhöht werden kann. Im Zeolithspeicher in München wird von 150 Heizzyklen und 100 Klimatisierungszyklen ausgegangen. Dies führt zu einer Amortisationszeit des gesamten Speichersystems von ca. 6-7 Jahren. Damit kann diese Technologie in näherer Zukunft mit konventionellen Lösungen konkurrieren [7].

Das thermochemische System soll jetzt als mobiler Speicher zur Nutzbarmachung von Abwärme untersucht werden. Dabei spielt die erreichbare Energiedichte im Speichermedium die entscheidende Rolle, da möglichst viel Energie bezogen auf die Masse des Speichers transportiert werden können soll. Die Energiedichte wird dabei, wie allgemein üblich, auf das aktive Speichermedium bezogen.

Sorptionsspeichersysteme verfügen unter günstigen Voraussetzungen über deutlich höhere Speicherkapazität als andere thermische Speichertechniken wie z.B. Latentwärmespeicher, da im Lade- bzw. Entladeprozess der Phasenübergang flüssig-gasförmig genutzt wird. Dessen Enthalpie ist wesentlich höher als die Enthalpie beim Phasenübergang fest-flüssig. Voraussetzung ist dabei, dass die gasförmige Komponente nicht gespeichert werden muss sondern an die Umgebung abgegeben kann. Weitere Vorteile sind, dass Sorptionssysteme direkt zum Heizen, zum Kühlen und zum Entfeuchten eingesetzt werden können. Damit kann bei einem Verbraucher mit Heizbedarf im Winter und Kühlbedarf im Sommer die Betriebszeit des Systems deutlich gesteigert werden. Dies verbessert immer die Wirtschaftlichkeit.

4 Ausblick

Am ZAE Bayern sind momentan Aktivitäten in Bezug auf den mobilen Sorptionsspeicher geplant. Nach ersten Ergebnissen aus Studien zur Nutzung industrieller Abwärme zeigt sich, dass in bestimmten Fällen schon heute die durch mobile Sorptionsspeicher bereit gestellte thermische Energie konkurrenzfähig sein kann.

Entscheidend für die Wirtschaftlichkeit mobiler Speichersysteme ist eine hohe Auslastung des Gesamtsystems. Ist dies gegeben kann man nach den verschiedenen Nutzungen des Speicherinhalts unterscheiden. Die gespeicherte Abwärme kann zur Gebäudeheizung, Klimatisierung und unter Umständen als trockene und heiße Luft in weiteren industriellen Prozessen genutzt werden.

Im Hinblick auf die Gebäudeheizung haben die Untersuchungen gezeigt, dass Wärmegestehungskosten von unter 4 Euro-Cent je Kilowattstunde erreicht werden können. Bei der Klimatisierung ergeben sich wirtschaftliche Vorteile gegenüber dem Stand der Technik nur, wenn die Anlage mit Volllaststunden von 100 und weniger pro Jahr betrieben wird. In diesem Teillastbetrieb erhöhen sich bei konventionellen Klimaanlagen die Energiepreise je kWh durch den steigenden Einfluss der Kosten für die Leistungsbereitstellung.

Beste Ergebnisse erzielt der mobile Sorptionsspeicher bei der Bereitstellung heißer und trockener Luft (z.B. für Trocknungsprozesse, Schwimmbadentfeuchtung usw.). Wärme und Entfeuchtung kann ebenfalls für Preise um 4 Euro-Cent je Kilowattstunde erzeugt werden und ist damit schon heute günstiger als konventionell entfeuchtete und erwärmte Luft.

5 Literatur

[1] Sizmann, R.: Speicherung thermischer Energie – Eine Übersicht, BMFT Statusseminar "Thermische Energiespeicherung" Stuttgart, 1989.

[2] Hauer, A.: Beurteilung fester Adsorbentien in offenen Sorptionssystemen für energetische Anwendungen. Doktorarbeit, Technische Universität Berlin, Fakultät III Prozesswissenschaften, 2002.

[3] Reuß, M.: Solare Nahwärmeversorgung Attenkirchen. Tagungsband zum 7. Internationalen Symposium für Sonnenenergienutzung SOLAR 2004 (8.-12.09.2004) in Gleisdorf, Österreich, S. 111-120.

[4] http://www.alfredschneider.de/index.htm

[5] http://www.transheat.de

[6] Hauer, A., Schölkopf, W.: Thermochemical Energy Storage for Heating and Cooling – First Results of a Demonstration Project, 8th International Conference on Thermal Energy Storage TERRASTOCK 2000, August 28th to September 1st, 2000, Stuttgart, Germany

[7] Hauer, A.: Thermal Energy Storage with Zeolite for Heating and Cooling, Proceedings of the 7th International Sorption Heat Pump Conference ISHPC ´02, Shanghai, China, 24.-27. September 2002.

Autoren

Dr.-Ing. Dietmar Bendix
ATZ Entwicklungszentrum
Kropfersrichter Straße 6-10
92237 Sulzbach-Rosenberg
Tel.: 09661-908-472
Fax: 09661-908-469
e-Mail: bendix@atz.de

Prof. Dr.-Ing. Markus Brautsch
Fachhochschule Amberg-Weiden
Kaiser-Wilhelm-Ring 23
92224 Amberg
Tel.: 09621 482-228
Fax: 09621 482-145
e-Mail: m.brautsch@fh-amberg-weiden.de

Dr.-Ing. Matthias Eichelbrönner
MVV BioPower GmbH
Luisenring 49
68159 Mannheim
Tel.: 0621-290-2612
Fax: 0621-290-3560
e-Mail: m.eichelbroenner@mvv.de

Carl Graf zu Eltz
Gut Wolfring
Schlossstraße 4
92269 Fensterbach
Tel.: 09438-358
Fax: 09438-902-179
e-Mail: eltz.carl@t-online.de

Prof. Dr.-Ing. Martin Faulstich
ATZ Entwicklungszentrum
Kropfersrichter Straße 6-10
92237 Sulzbach-Rosenberg
Tel.: 09661-908-400
Fax: 09661-908-401
e-Mail: faulstich@atz.de

Autoren

Dipl.-Ing. (FH) Thomas Fritz
Fachhochschule Hildesheim/Holzminden/Göttingen
Fakultät Ressourcenmanagement
Fachgebiet Technischer Umweltschutz
Rudolf-Diesel-Straße 12
37075 Göttingen
Tel.:   0551-30738-16
Fax: 0551-30738-21
e-Mail: thomas.fritz@fu.fh-goettingen.de

Dr. Claudius da Costa Gomez
Fachverband Biogas e.V.
Angerbrunnenstraße 12
85356 Freising
Tel.:   08161-9846-60
Fax: 08161-9846-70
e-Mail: dcg@biogas.org

Dipl.-Wirtschaftsing. (FH) Kilian Hartmann
Fachhochschule Hildesheim/Holzminden/Göttingen
Fakultät Ressourcenmanagement
Fachgebiet Technischer Umweltschutz
Rudolf-Diesel-Straße 12
37075 Göttingen
Tel.:   0551-30738-13
Fax: 0551-30738-21
e-Mail: kilian.hartmann@fu.fh-goettingen.de

Dr. Andreas Hauer
ZAE Bayern
Walther-Meißner-Straße 6
85748 Garching
Tel.:   089-289-14231
Fax: 089-289-14112
e-Mail: hauer@muc.zae-bayern.de

Dipl.-Ing. Thomas Hering
Thüringer Landesanstalt für Landwirtschaft
Apoldaer Straße 4
07778 Dornburg
Tel.: 036427-868-110
Fax: 036427-223-40
e-Mail: t.hering@dornburg.tll.de

Dipl.-Ing. (FH) Rolf Jung
ATZ Entwicklungszentrum
Kropfersrichter Straße 6-10
92237 Sulzbach-Rosenberg
Tel.: 09661-908-434
Fax: 09661-908-469
e-Mail: jung@atz.de

Dr.-Ing. habil. Jürgen Karl
Technische Universität München
Institut für Energietechnik
Boltzmannstraße 15
85747 Garching
Tel.: 089-289-16269
Fax: 089-289-16271
e-Mail: karl@es.mw.tum.de

Uwe Kausch
Geschäftsführer
Kompostwerk Göttingen GmbH
Königsbühl 98
37079 Göttingen
Tel.: 0551-400-5470
Fax: 0551-400-5417
e-Mail: stadtreinigung@goettingen.de

Dr. Mario Mocker
ATZ Entwicklungszentrum
Kropfersrichter Straße 6-10
92237 Sulzbach-Rosenberg
Tel.: 09661-908-417
Fax: 09661-908-469
e-Mail: mocker@atz.de

Autoren

Prof. Dr.-Ing. Michael Nelles
Fachhochschule Hildesheim/Holzminden/Göttingen
Fakultät Ressourcenmanagement
Fachgebiet Technischer Umweltschutz
Rudolf-Diesel-Straße 12
37075 Göttingen
Tel.: 0551-30738-11
Fax: 0551-30738-21
e-Mail: michael.nelles@hawk-hhg.de

Markus Ott
Fachverband Biogas e.V.
Angerbrunnenstraße 12
85356 Freising
Tel.: 08161-9846-60
Fax: 08161-9846-70
e-Mail: ott@biogas.org

Dr. Kurt Palz
Herding GmbH Filtertechnik
August-Borsig-Straße 3
92224 Amberg
Tel.: 09621-630-122
Fax: 09621-630-196
e-Mail: kurt.palz@herding.com

Dr. Stephan Prechtl
ATZ Entwicklungszentrum
Kropfersrichter Straße 6-10
92237 Sulzbach-Rosenberg
Tel.: 09661-908-431
Fax: 09661-908-469
e-Mail: prechtl@atz.de

Dr.-Ing. Peter Quicker
ATZ Entwicklungszentrum
Kropfersrichter Straße 6-10
92237 Sulzbach-Rosenberg
Tel.: 09661-908-410
Fax: 09661-908-469
e-Mail: quicker@atz.de

Dr.-Ing. Reinhard Rauch
Technische Universität Wien
Getreidemarkt 9/166
1060 Wien
ÖSTERREICH
Tel.: +43-1-5880-1159-54
Fax: +43-1-5880-1159-99
e-Mail: reinhard.rauch@tuwien.ac.at

Dr.-Ing. Ottomar Rühl
Kompostwerk Göttingen GmbH
Königsbühl 98
37079 Göttingen
Tel.: 0551-5038-20
Fax: 0551-6036-218
e-Mail: kompostwerk@goettingen.de

Dipl.-Ing. Ralf Schneider
Thöni Industriebetriebe GmbH
Obermarktstraße
6410 Telfs
ÖSTERREICH
Tel.: +43-5262-6903-525
Fax: +43-5262-6903 8525
e-Mail: ralf.schneider@thoeni.com

Dr.-Ing. Rainer Scholz
ATZ Entwicklungszentrum
Kropfersrichter Straße 6-10
92237 Sulzbach-Rosenberg
Tel.: 09661-908-418
Fax: 09661-908-469
e-Mail: scholz@atz.de

Dr. habil. Armin Vetter
Thüringer Landesanstalt für Landwirtschaft
Naumburger Straße 98
07743 Jena
Tel.: 036427-868-122
Fax: 036427-223-40
e-Mail: a.vetter@dornburg.tll.de

Autoren

Gregor Weidner
Wegra Anlagenbau GmbH
Oberes Tor 106
98631 Wertenfeld
Tel.:   03694-884-0
Fax::   03694-884-200
e-Mail: info@wegra-anlagenbau.de

VERFAHREN & WERKSTOFFE FÜR DIE ENERGIETECHNIK

Von der Studie...   ... bis zur Pilotanlage

VERFAHRENSTECHNIK

Thermische Verfahrenstechnik
- Verbrennung und Vergasung
- Erzeugung von Heißgasen
- Behandlung von Prozessgasen
- Brennertechnologie

Biologische Verfahrenstechnik
- Anaerobtechnik: Biogas, Bioethanol
- Prozesswasseraufbereitung
- Biogasreinigung
- Vorbehandlung organischer Reststoffe

WERKSTOFFTECHNIK

Funktionsoberflächen
- Entwicklung thermisch gespritzter Schichten
- Verfahrensentwicklung thermisches Spritzen
- Prozessdiagnostik
- Vor- und Kleinserienbeschichtung

Pulverwerkstoffe
- Entwicklung und Herstellung von Spezialpulvern
- Verfahren zur Schmelzgaszerstäubung
- Legierungsentwicklung
- Pulveraufbereitung: Klassieren, Granulieren

Kontakt
Prof. Dr. Martin Faulstich
Dipl.-Ing. Gerold Dimaczek
ATZ Entwicklungszentrum - Kropfersrichter Straße 6-10 - 92237 Sulzbach-Rosenberg
Telefon 0 96 61 - 908-400 - Telefax 0 96 61 - 908-401 - E-Mail info@atz.de - www.atz.de